大人に役立つ算数

小宮山博仁

角川文庫
21472

はしがき

この本は、大人のために書かれた算数の本です。社会に出て企業で仕事をしている人、家で家事労働をしている主婦（主夫）、大学で充実した生活をしたい学生、そういう方に読んでもらいたい本です。

仕事を効率よく行いたい、新しい目標を立ててそれを成功させたい、充実した人生を送りたい、そう考えている方は多いのではないでしょうか。先を読み、そして順序だてて物事を考えて行動すると、うまくいくことが多くなります。目的を持ち、物事を論理的に考え、将来のことをある程度推測できるようになると、たとえ金銭的にそれほど恵まれなくても余裕のある生活をすることが可能となります。そういう、生涯学習に結びつく算数の本を書いてみました。

頭の回転が速くなり、緻密（ちみつ）な考え方ができるようになると、日常生活にもよい影響を与えます。仕事を頑張れる人、幸せな人生を選択できる人は、論理的思考能力が高いと言われています。困ったときに活躍するその能力を算数で伸ばすことが可能なのです。

算数は小学生の勉強だから簡単だと思っている方はいま

せんか？　４年生ぐらいまでは、具体的な目に見える物を中心とした算数です。人間は、具体的な物を見ながらの計算は得意です。しかし５年生以上は、割合や比や速さといった抽象的な思考が必要な項目が目白押しで、少々難しくなってきます。方程式を使わないと、なかなか手ごわい問題もあります。けっこう奥の深い学びが算数と言ってもよいかもしれません。

第２章以降は、速さ・割合・濃度・平均・比といった抽象度が高い問題を選んでいます。中学・高校で学ぶ数学は抽象度がさらに上がるので、その準備にもなります。方程式を使っても解けるような問題が多くありますが、実は算数と数学とではアプローチ方法がかなり違います。算数では、ひとつひとつ理屈で考え、図や表を書いて目で確かめながら最後まで解いていきます。私はこれを「アナログ方式」の解き方と命名しています。一方中学の数学は、文字式を利用して方程式で考える場面がよくあります。方程式をたてるまではかなりの思考力が必要ですが、方程式さえたててしまえば、あとは機械的に計算すると（または公式に当てはめると言ってもよい）自然に解けてしまうことが多いのです。これを私は「デジタル方式」の解き方と命名しています。

アプローチが違う方法で同じ解にたどりつくという学びに

よって、いろいろな角度から目的に近づくという手法を知ることができます。アナログ的発想とデジタル的発想の両方ができるようになると将来役に立つことがあるはずです。解く方法をいろいろと工夫することによって、多面的な物の見方ができるようになりますが、算数はそのような能力を育てる教科のひとつであると言えます。

生涯学習は市民を幸せにすると考えられていますが、なぜ算数・数学が脚光を浴びているのかは、第1章とエピローグを読んでいただくと判明します。算数の学びによって生活力が向上するのがよくわかります。そうはいっても今から算数を勉強するのはどうも、と思っている方は、次の方法でチャレンジしてみてください。

この本を読む時は、手を動かして自分で計算し（電卓はやめましょう）、わかっていることをこの本に書き込んで考えてください。頭の中だけで考えていては、なかなかよいアイディアが浮かびません。鉛筆かボールペンを持って書きながら考えてみましょう。もしわからないことが出てきたら、5分は頑張って考えてみてください。やっぱり「ムリ」と思ったら、そこを飛ばして次に進んでも、ほとんど支障の無いように構成されています。算数を試験のある「勉強」と思うと長続きしません。いつでもどこでもどこからでも挑戦できる、そういう学び方を身につけると、生涯学習が苦ではなくなります。わからない問題は時間を区切ってよく考える、それでもだめなら飛ばして気にしない、そして全部読み終えたら再挑戦してみてください。全体が見えた後できなかった問題に再挑戦すると、不思議とわかるようになることがよくあるのです。ちょっと古い言葉ですが、算数の学びも「押してもだめなら引いてみな」を実践してみてください。

本書のもとになっている新書版『大人に役立つ算数』が刊行されたのは、1999年に始まった学力低下論争が一段落し、中学受験熱が高まってきた2004年でした。当時、OECD（経済協力開発機構）が2000年に実施した国際的な学力調査PISA（ピザ）の問題を見て、これからの数学や算数の教育がかなり変化することを直感しました。仕事や生活に密着した、世の中の動きを知るための数学教育が提言されていたからです。それを意識して新書版を執筆しましたが、「なぜOECDが数学に注目しているか」を読者の方に伝えきれなかった部分がありました。

今回、エピローグで新たに、算数・数学が今なぜ脚光を浴びているのか、かなり詳しく書いてみました。お子さんがいる方や数学教育に関わっている方はエピローグから読んでもいいと思います。

第1章　算数的発想の面白さ

算数 ―― 方程式を使わない数学

小学生が勉強する算数なんて、「カンタン、カンタン」と思っている人は多いのではないでしょうか。数学が得意な人なら、なおさらそう思うに違いありません。算数は数学の基礎で、中学や高校の数学をもっと簡単にした、学問とは言えない子ども向けの勉強だと思い込んでいる人もいます。では次の問題を解いてみてください。

「1枚50円の切手と1枚80円の切手を合わせて15枚買い、代金は1020円でした。50円切手は何枚ですか」

大人なら方程式を知っていますから、50円切手の枚数をx、80円切手の枚数をyとし、連立方程式を作って機械的にすらすら解いてしまうでしょう。$x+y=15$……（切手の枚数）、$50x+80y=1020$……（切手の代金）

中学生の頃を思い出してこの2つの式をたてることができるはずです。

$$\begin{cases} x+\quad y=15 \\ 50x+80y=1020 \end{cases} \qquad \begin{array}{r} \begin{cases} 50x+50y=750 \\ 50x+80y=1020 \end{cases} \\ -\quad\quad\quad\quad\quad\quad \\ \hline -30y=-270 \end{array}$$

$y=9$、$x+9=15$、$x=6$

$$\begin{cases} x=6 \\ y=9 \end{cases}$$

式さえたてられれば、後はあまり頭を使わないで、つまり連立方程式を解く手順通りにしていけば、50円切手が6枚であることが、半自動的にわかります。代数というのはとても便利な学問であることを再認識された方もいらっしゃるのではないでしょうか。

では、方程式を知らない小学生はどのようにして解いていくのかを、次に考えてみたいと思います。ここでは2つの小学生向きの解き方をご紹介いたします。

1つ目は面積図を使った解法です。まず、次の面積図を見てください。

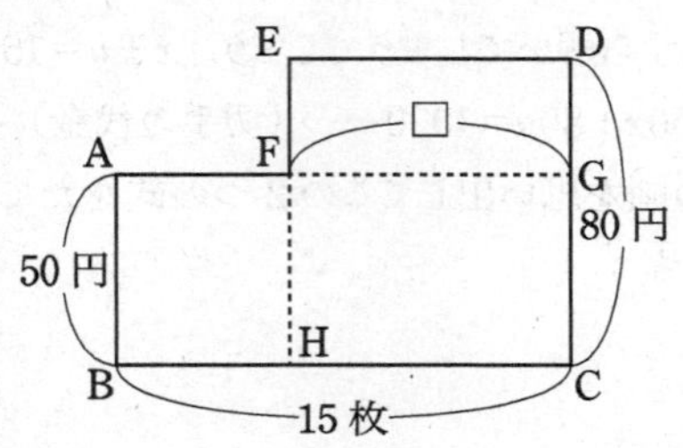

ヒントとして点線を入れておきました。この図を3分間じっとよく見てください。そして、方程式を使わないですぐ解けた方は、かなり脳が柔らかく、頭を使うのが好きな人だと思います。

問題を解いていくためには、1つ1つの条件を整理していかなくてはなりません。たてのABやDCは何を表すのか、横のBCは何を表すのか、そのことがわかると、この図形ABCDEFの面積は何を表すのかが「わかる」ようになります。それがわからないと、せっかく点線で示したヒントが無意味となってしまいます。たては1枚あたりの切手の値段で、横は切手の枚数です。では、「たて×よこ」で何を表すのかを考えてみてください。この式は「1枚あたりの値段」×「枚数」ということですから、この面積は切手の代金であることがわかります。ここまでくればどのようにして解いていけばよいか、気がついた方もかなりいらっしゃると思います。

長方形ABHFの面積は50円切手の代金で、長方形EHCDの面積は80円切手の代金であることに気がつかれたでしょうか。このABCDEFの図形の面積は、50円切手と80円切手の代金を合わせたものですから、1020円であることがわかります。次にFGの点線に注目してみてください。ここで再びじっくり考えてみましょう。

長方形ABCGに着目してください。この面積は、50×15＝750で、750円を表すことがわかります。ここで、BHは50円切手の枚数、HCは80円切手の枚数であることを確認します。もし、長方形EFGDの面積がわかれば、FGの長さ、つまりHCの長さが判明するはずです。長方形EFGDをじっくり見てください。図形ABCDEFの面積は1020円で、長方形ABCGの面積は750円ですから、長方形EFGDの面積＝1020－750＝270円となります。ここでEFは何を表しているのか考えてください。80円と50円の差30円であることはすぐ気がつくはずです。EF×FG＝270ですから、30×□＝270と表示できます。□＝270÷30＝9で、80円切手は9枚であることがわかります。15－9＝6で、50円切手は6枚であることがわかります。

次に面積図を使わないで解く、もう1つの方法を示しましょう。式だけで考えていきますが、方程式はやはり使いません。

50円切手と80円切手の値段の差で解いていく方法があります。全部50円切手又は80円切手と仮定して話を進めていきます。もし全部50円切手なら、50×15＝750で、750円になります。実際の代金1020円との差は1020－750＝270で、270円ということになります。全部50円にしたために、270円実際より少なくなってしまったことに着目してください。50円切手を80円切手に1枚ずつ置き換えていくと、270円少なくなった部分（実際との差）がどれだけ縮まっていくかを考えます。50円切手が1枚80円切手になると、30円差が縮まります。つまり270円の中に（80－50）の30円がいくつ分あるかを求めることによって、80円切手の枚数がわかります。270÷30＝9で、80円切手は9枚になるため、50円切手は15－9＝6で6枚となります。

これと同じ方法で、次は全部80円切手だと仮定してみます。80×15＝1200で、1200円となりますが、実際の代金より今度は1200－1020＝180で、180円多くなります。前回とは逆に、80円切手を1枚ずつ50円切手に置き換えてみます。やはり1枚につき80－50＝30で、30円ずつ差が縮まります。180円の中に30円がいくつ分あるかを求めるには、180÷30という式になり、6枚の80円切手を50円切手に置き換えていけばよいことがわかります。そのため50円切手は6枚であることがわかります。

いかがだったでしょうか。方程式を使って解けば簡単に解くことができます。しかし、どちらが理屈で考えているかと言えば、方程式を使わない算数的な解法の方であることは明白です。代数的発想はある一定の手順をふめば、だれにでも機械的に解いていくことができますから、とても便利です。一方算数的発想は、1つ1つの意味をきちんと理解しないと先へは進むことができません。面積図のところでは、たて、よこ、面積のそれぞれの意味をよく理解しないと解くことはできません。差をつめていく方法も、その差は何なのか、そして、どのように差をつめていくかを十分考えなくてはならないのです。なお、このような問題を「つるかめ算」と言います。

算数の問題、なかなか奥が深いということがわかっていただけたでしょうか。学校を卒業した大人が、算数を使って脳を鍛えると、仕事をする上でも実生活の上でもかなりの効果が期待できます。生涯学習を考えた脳力トレーニングをするための材料として、算数はうってつけなのです。次に5つのテーマで、算数の学習と論理的思考力アップの関係を、もう少し詳しく示していくことにしましょう。

図形の問題

数学的思考力を身につけると、何か新しいアイデアを出そうとする場合などに役に立ちます。論理的思考法に慣れていない人は、まず小5・小6で習う図形の問題からチャレンジしてみましょう。

[条件を図に書き入れて考えていく]

問1 下の図でAB、BC、CD、DEの長さはすべて同じです。

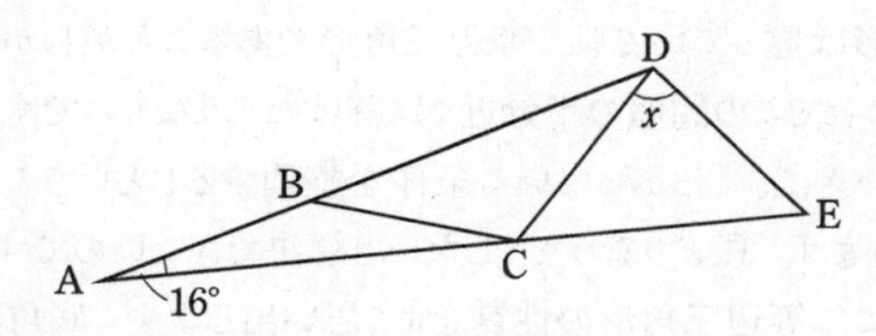

角Aが16°のとき角CDE(x)を求めなさい。

数学的な発想になれていない方には、けっこう難しい問題だと思います。ただ漫然と図を眺めていただけでは解けません。順序よく考えていかなくてはならないので、論理的思考能力をつけるには、うってつけの問題といえるでしょう。

ではどのようにしてアプローチしていくかを一緒に考えてみましょう。

角Aと角CDEは離れているということをまず確認します。離れていては直接角Aと角CDEをつなげて答えを求めることはできません。そこで、どのようにして関連づけるかを考える必要に迫られることになります。

この時、問題の条件をもう一度考え直し検証して、図の中にわかっていることを書き込むようにすることが、問題を解決する糸口を見つけるコツだと思ってください。

各辺が同じだということを、まず図に書き込んでください。

そうすると、三角形BAC、三角形BCD、三角形DCEが、形は違っていても二等辺三角形であることがわかります。これでこの問題の半分近くは解けたようなものです。仕事でいえば、「わかっている条件を整理する」ということにあたります。段どりをうまくしないと解決できないのです。

次に二等辺三角形の性質をよく思い出します。底角は等しく、2つの内角の和はほかの内角の外角に等しいという性質を使うことに気がつけば申し分ありません。このような作業のとき「メタ認知」を活用しています。角BCA＝16°、角DBCは三角形BACの外角なので、角DBC＝16×2＝32°、角BDCは32°となります。

次に少し見方を変えて、三角形ACDに着目します。すると角DCEは三角形ACDの外角になることに気づくはずです。角DCE＝16＋32＝48°、角CED＝48°となります。三角形DCEは二等辺三角形ですから、角CDE＝180－48×2＝84°となり答えが求められます。

これは条件を整理して、順番に二等辺三角形の性質を利用して解いていく問題なのです。

［図をよく見て補助線を引く］

問2　次の三角形ABCで、辺BCを3：2の比に分ける点をD、辺ABを3：5の比に分ける点をE、ADとECが交わる点をFとします。三角形CDEの面積が12 cm^2 のとき、次の各問いに答えなさい。

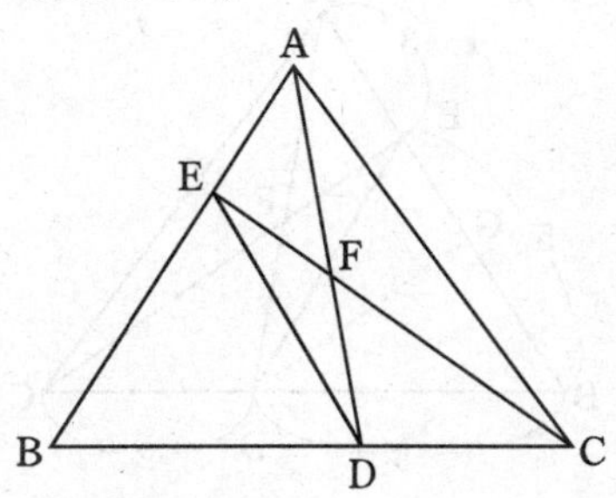

①AF：FDを求めなさい。

②三角形DEFの面積を求めなさい。

このような問題を解くときには、ただ図をじっと見ているだけではいけません。まず、図の中にわかっている条件を書き入れてください。

①はAFとFDの比を求めますから、平行線と比のことをまず考えてみます。しかもこの問題の中には三角形がたくさんありますから、三角形と平行線の比で攻略してみるのがオーソドックスな方法です。

そうすると、どこかに補助線を引かなくてはならないことに気がつくはずです。AF：FD と関係のありそうな三角形は、D から EC に平行な線 GD を引くことによって求めることができます。

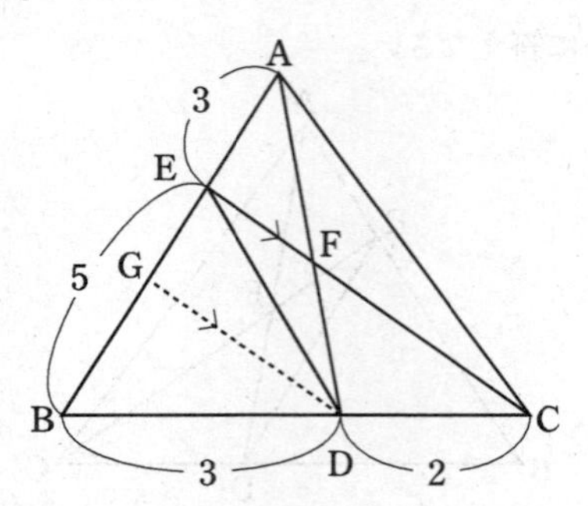

そうすると三角形 AGD で考えれば AE：EG が求められ、AF：FD がわかりそうです。この EG は、じつは三角形 EBC でわかることに気がつくようにするには発想の転換が必要です。このような学びは頭を柔らかくし、実生活にも役に立つに違いありません。

BD：DC＝3：2 なので、GB：EG＝3：2 になります。次に三角形 AGD に目を移します。AE：EB＝3：5 なので EB を 5 とすると、EG は 2 になります。ゆえに、AE：EG＝3：2 ということになるので、平行線の比の性質により、AF：FD は 3：2 になるのです。

次の②の三角形DEFの面積を考えることにしましょう。三角形CDE＝12 cm^2 であることがヒントになります。三角形の面積が出ていて、各辺が比で表されているところから、面積比を利用して解くことに気がつくようにします。

三角形DEFは底辺も高さもわかりません。これは面積比を使ってアプローチしていくしかありません。その時①で求めた答えを使うことを考えます。このような問題は必ずといってよいほど、①と②は関連性があります。

もし三角形AEDの面積がわかれば、三角形DEFは求められます。三角形AEDは、三角形EBDがわかれば求められます。そしてこの三角形EBDは三角形EDCがわかれば求められます。なぜならば、三角形EBCで考えると、三角形EBDの面積と三角形EDCの面積の比は3：2になるからです（底辺がBD：DC＝3：2で高さが等しい）。

このように、求める答えから逆に推理していくと、答えを求めることができます。これは問題解決方法の1つであることは言うまでもありません。

［解答］

問1　小5で習う二等辺三角形の性質を利用する問題。二等辺三角形の内角と外角の関係がわかると、よくわかる。小5にとってはかなり難しい。角BAC＝角BCA＝16°　角

DBC＝16＋16＝32°　角 CDB＝32°　角 DCE＝角 BAC＋角 ADC＝16＋32＝48°　角 CDE＝180－48×2＝84

答え　84°

問 2　①小 6 で習う比の応用問題でかなり難しい。これは中学入試でも難しい方の問題で、大人でも頭を使うはず。三角形 EBC において、BD：DC＝BG：GE　また BE：EA＝5：3　BE は 5 なので GE は 2、三角形 AGD において、AE：EG＝AF：FD＝3：2

答え　3：2

②三角形 EBD＝$12\times\frac{3}{2}=18$　三角形 AED＝三角形 EBD $\times\frac{3}{5}=18\times\frac{3}{5}=10.8$　三角形 DEF＝三角形 AED $\times\frac{2}{3+2}$ $=4.32$

答え　4.32 cm^2

不思議な面積図

［連立方程式ではなく面積図で解いて頭の体操］

問題を解決しようとするときは、与えられた条件をまず整理することが大切です。頭の中だけで考えるのではなく、適切な図をかくようにしましょう。文章の内容を図で表すことによって、解決の糸口を見つけることができます。

問1　ある整数を57でわるのを、間違えて75でわってしまったために、商（わり算の答え）が24小さくなりました。ある整数を求めなさい。ただし、方程式を使って解いてはいけません。次の面積図を利用して解いてください。

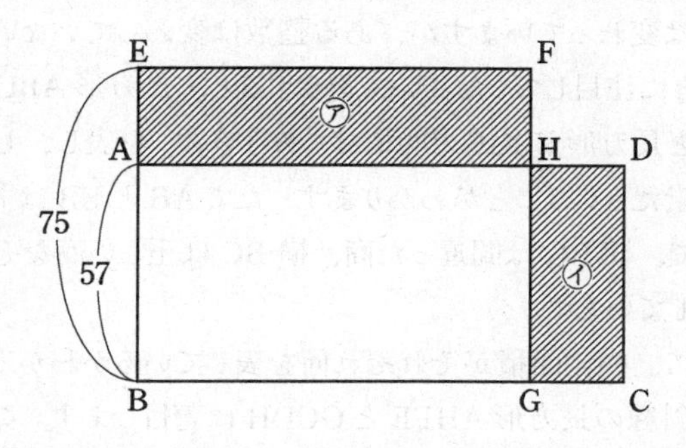

中学2年生以上なら、問1は連立方程式を使って次のように解きます。ある整数をx、正しい商をyとし、この文章を文字通りの式に直します。$x \div 57 = y$……①、$x \div 75 = y - 24$……②、①と②の連立方程式を解くと、$x = 5700$、$y = 100$となり、ある整数は5700であるということがわかります。

しかし、方程式を使わないで解きなさいと言われたら皆さんはどうしますか。

代数の考え方は、最初の式さえ間違わなければ、機械的に解けてしまいます。コンピューターに入力すれば自動的に答えが出てきます。しかし、ここに示したような面積図で解きなさいと言われたら、かなり考えてしまう方も多いのではないでしょうか。理屈で物事を考えて解いていきます。まず、この面積は何を表しているのかを考えます。わる数と商は変わっていますが、ある整数は変わっていないということに注目してください。そうすると、長方形ABCDの面積と長方形EBGFの面積は「ある整数」を表し、しかも同じ量だということがわかります。たてABとEBは「わる数」で、横BGは間違った商、横BCは正しい商をそれぞれ表しています。

たて、横、面積がそれぞれ何を表しているかわかったら、次に斜線の長方形AHFEとGCDHに着目します。この面積は等しいことがひらめけば申し分ありません。GC＝24、HG＝57ですから、㋑の面積は1368になります。

次に㋐を考えてみます。たてEAは75－57＝18です。横AHはわからないのでxとします。18×x＝1368という式からAH＝76と求めることができます。間違った商76（BG）が求められました。この時のわる数は75ですから、もとの整数は75×76で求められます。

いかがでしたか。面積図を使って解くには、かなり論理的な思考が必要だと、わかっていただけたでしょうか。

［食塩水の問題を面積図で解いてみよう］

問２　5% の食塩水と10% の食塩水をまぜたら、7% の食塩水800 g ができました。5% の食塩水と10% の食塩水をそれぞれ何 g まぜましたか。方程式を使ってはいけません。次に示した面積図を参考に解いてください。

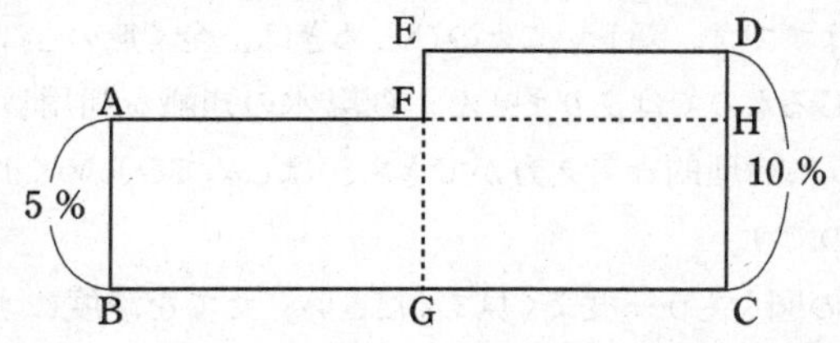

この問２のような問題は、大人なら普通は連立方程式で解きます。5% の食塩水の量を x g、10% の食塩水の量を y g とすると、２つの式ができます。まず、食塩水の量で式を作ると、$x+y=800$ となり、次に食塩の量で式を作ると、$0.05x+0.1y=800\times0.07$ となります。これを解くと、$x=480$、$y=320$ となります。

方程式に慣れている大人は、機械的に解けてしまいます。これは中学の教科書に出てくる連立方程式の基本的な応用問題として有名です。

では、面積図を使って解くにはどうしたらよいのでしょうか。この食塩水の問題の場合、まず面積は何を表しているのかを考えなくてはなりません。この時、5% の食塩水の食塩の量と、10% の食塩水の食塩の量をたしたものは、7% の食塩水の食塩の量と同じだということに気がつくようにします。濃度は違っても、食塩の全体の量は変化しないことに着目するのです。

そうすると、食塩の量を面積で表せばよいことが、ひらめくはずです。新しいことのひらめきは、全く無のところから生じるものではありません。食塩水の知識を利用し、このように論理的な考え方ができて、はじめてひらめくようになるのです。

先の図をもう一度よく見てください。たてを濃度にすると、横 BC や BG や GC は食塩水の量になります。

この図形の全面積は、7% の食塩水の食塩の量であることは言うまでもありません。800×0.07＝56 で 56 g となります。

次に、この図で求められる面積はどれかを考えてください。長方形 ABCH の面積を求めることができます。800×0.05＝40 で、食塩は 40 g となります。長方形 EFHD の面積が、56－40＝16 で、16 g ということがわかります。

ところが DH は（10% －5%）で 5% ということがわかっていますから、FH の長さを求めることができるのです。

FH×0.05＝16となり、 FH＝320となります。これはGCの長さのことでもありますから、10% の食塩水は320 gとなります。5% の食塩水は800－320＝480で480 gとなります。

いかがでしたか。変わらない食塩の量に着目して面積図にして解く方法を見つけるには、順序よく物事を整理して考えなくてはなりません。初めての人には、かなりの頭の柔軟体操になったのではないでしょうか。

[解答]

問1　面積を習っている4年生以上なら解ける問題。ただし、わる数、わられる数、商を面積図で表すことができる人は少ない。㋐＝㋑　㋑＝57×24＝1368　AHをxとすると、x×(75－57)＝1368　1368÷18＝76　75×76＝5700

答え　5700

問2　昔の教科書にはよく出ていた「つるかめ算」の問題。未知数が2つある問題を、方程式を使わないで解くには、つるかめ算をよく使う。800×0.07＝56　800×0.05＝40　56－40＝16　FHをxとすると、x×0.05＝16、x＝320これはGCのことなので10% の食塩水の量。800－320＝480

答え　5%…… 480 g　10%…… 320 g

全体を１と考える

ちょっと難しい本を読んだり、難問を解決したりする時には、抽象的な思考力を養っておくととても便利です。今度は仕事算という、少し工夫するととても面白い文章題にチャレンジしてみましょう。

［わり算は、等しく分ける計算だけではない］

問１　ある仕事をするのにＡさん１人で３日かかり、Ｂさん１人では６日かかるとき、２人一緒に仕事をすると、何日かかりますか。

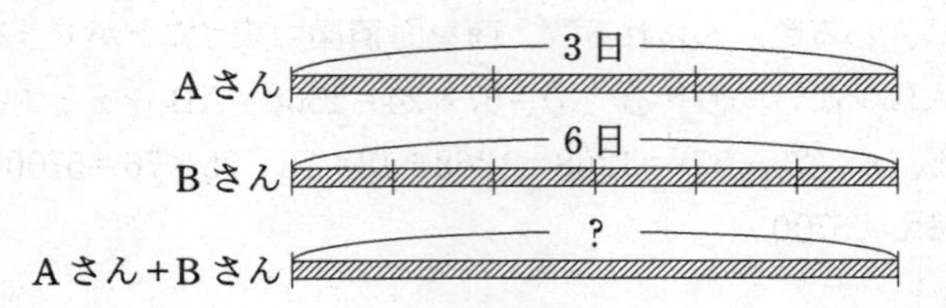

問１のように、１人が決まった時間（日数）にできる仕事の量をもとに、何人かが、ある仕事を全部こなすのに要する時間や日数を求める問題を「仕事算」と呼んでいます。

１つの仕事をする場合、全部の仕事量はＡさんもＢさんも同じであることが条件となっています。１日にする量は線分図を見ればわかる通り、ＡさんとＢさんとでは違います。

Aさんは全体の（全体を1としたら）$\frac{1}{3}$ を1日にやりますし、Bさんは全体の $\frac{1}{6}$ をやります。AさんはBさんよりどのくらい多く仕事をするかといえば、$\frac{1}{3}\div\frac{1}{6}=2$ で、2倍仕事ができるということになります。

では、AさんとBさんが一緒にすると何日かかるか求めてみましょう。Aさんは1日に $\frac{1}{3}$、Bさんは1日に $\frac{1}{6}$ ですから、2人合わせると1日どれくらいできるか考えます。合わせるのはたし算ですから、$\frac{1}{3}+\frac{1}{6}=\frac{2}{6}+\frac{1}{6}=\frac{3}{6}=\frac{1}{2}$ となります。

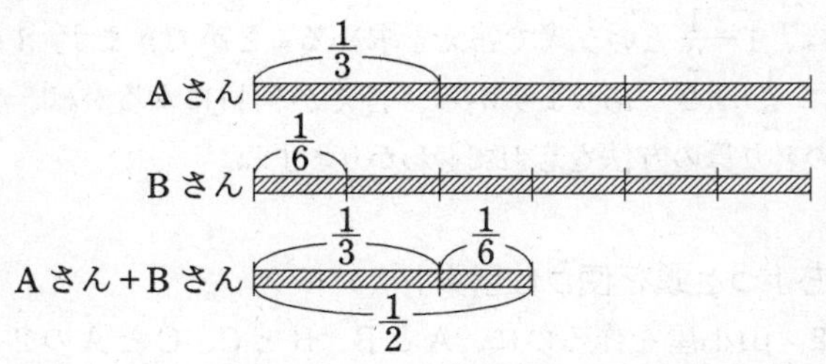

1日に全体（1と考える）の $\frac{1}{2}$ ができます。1の中に $\frac{1}{2}$ がいくつあるかを求めればよいことになります。ここでわり算の意味を再確認してみましょう。

100円を2人で分けると「1人分」は100円÷2人＝50円／人で、1人あたり50円となります。100円の中に10円は「いくつ分」ありますかという問題は、100円÷10円＝10となり、円という単位はつきません。前者のわり算を、等しく分けた1人分ということで「等分除」といいます。後者を、100円の中に10円がどのくらい、すなわちいくつ分含まれているかを求めるわり算なので、「包含除」といいます。

わり算は「等しく分ける」計算だと思い込んでいる大人は、包含除のようなわり算があることを、言われて初めて気がつくことが多いようです。この包含除のわり算を駆使できるようになると、抽象的思考力が向上すること間違いありません。

では話を元に戻しましょう。1の中に$\frac{1}{2}$がいくつ分あるかは、$1 \div \frac{1}{2}$という式で答えを求めることができます。1の中に$\frac{1}{2}$は2つありますから、答えが何日になるかは、分数のわり算の方法を忘れてもわかりますね。

［ちょっと頭を使う仕事算］

問2　山小屋を作るのに、AとB、BとC、CとAの2人ずつで仕事をすると、それぞれ36日、48日、72日かかります。A、B、Cの3人が一緒に仕事をすると、何日かかりますか。

この問題も「全体の仕事量を1」として考える仕事算であることに気がつかれた方も多いと思います。

これは、割合や比を使って考えるか、「全体の仕事量を

1」として考えるかのどちらかで簡単に解けます。ここでは、「全体の仕事量を1」として考える方法で解いていくことにしましょう。

「全体の仕事量を1」とすると、1日にできる仕事の量は、$A+B=\frac{1}{36}$ $B+C=\frac{1}{48}$ $C+A=\frac{1}{72}$となります。ここで3元連立方程式を思い出してください。A+B=□……①B+C=△……② C+A=○……③となっていたら、この①と②と③をたしてみます。すると、A+B+B+C+C+A=□+△+○で、これを整理すると、2×(A+B+C)=□+△+○になります。

これに気がつくには、連立方程式の知識と、柔軟な発想が必要です。A+B+Cは(□+△+○)÷2で求められるのです。つまり、A+B+Cの値は(□+△+○)の半分ということになります。

AとBとCが一緒に働く時の1日の仕事量をまず求めます。$\frac{1}{36}+\frac{1}{48}+\frac{1}{72}=\frac{1}{16}$ これは2×(A+B+C)ですから、その半分がA+B+Cになります。3人で仕事をする1日の量は$\frac{1}{16}\div 2$で、全体の$\frac{1}{32}$です。$1\div\frac{1}{32}=32$で32日という答えが求められます。

仕事算はいかがでしたか。「全体を1とする」考え方に慣れると、算数や数学の文章題を考える時に役立ちます。しかも抽象的な思考力を養うトレーニングには最適です。

生活をする上で何かを考える時、新しい問題に取りくむ時などは、物事を整理して考えていかなくてはなりません。抽象的な思考力がついてくると、そういう問題を解決する時にとても役立ちます。ぜひチャレンジしてみてください。

［解答］

問1　分数のわり算を習う小6以上の問題。全体を1とする考え方に慣れましょう。$\frac{1}{3}+\frac{1}{6}=\frac{3}{6}=\frac{1}{2}$　$1\div\frac{1}{2}=2$

答え　2日

問2　仕事算と式の計算（中2レベル）を利用した融合問題で、やや難しい。$\frac{1}{36}$ や $\frac{1}{48}$ はすぐに出せるが、A＋B＋Cの値の求め方は、あるヒラメキがないと難しい。$A+B=\frac{1}{36}$　$B+C=\frac{1}{48}$　$C+A=\frac{1}{72}$　$(A+B)+(B+C)+(C+A)=\frac{1}{36}+\frac{1}{48}+\frac{1}{72}$　$2\times(A+B+C)=\frac{4}{144}+\frac{3}{144}+\frac{2}{144}=\frac{9}{144}=\frac{1}{16}$　$A+B+C=\frac{1}{32}$　$1\div\frac{1}{32}=32$

答え　32日

比例配分

A：B＝1：2という比は、Bを2とみたときAが1にあたるという意味です。もしBを1とみるならAは $\frac{1}{2}$ となり、これは比の値といいます。Aを前項、Bを後項ともいいますが、Bをもとにして Aを表しているといってもよいのです。

［昔からある比（割合）の標準問題を解いてみよう］

問　12000円を、Aさん、Bさん、Cさんの3人で、3：2：1になるように分けたいと思います。それぞれいくらずつに分ければよいですか。次の線分図をヒントに考えてみてください（方程式は使わないこと）。

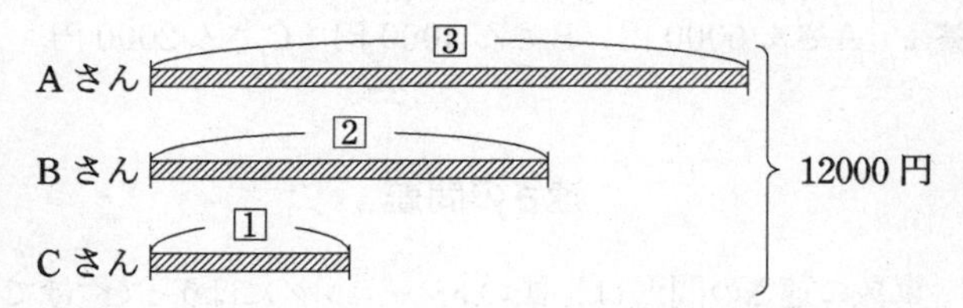

300円をAとBの2人で1：2になるように分ける問題を、「比例配分」といいます。Aを1とするとBは2で表せます。1＋2は300円のことですから、まず、1を求めることを考えます。3で300円だと1ではいくらになるかを求めます。「3つ分」で300円ですから「1つ分」を出すのは、「等分除」というわり算です。300÷3＝100で、1は100円となるので、2はその2倍の200円です。

これは項が3つある比でも同じです。この問題なら、まずAとBとCの各項をたします。[1]＋[2]＋[3]＝[6]つまり[6]にあたるのが12000円という考え方をするのです。[6]で12000円なので、[1]ではいくらかな?という発想で解いていけばよいのです。

［解答］

2001年の小6の教科書にあった、比例配分の問題。昔からある比の標準的な応用問題です。1＋2＋3＝6　12000÷6＝2000　2000×2＝4000　2000×3＝6000

答え　Aさん6000円　Bさん4000円　Cさん2000円

速さの問題

算数の速さの問題は、頭のトレーニングにはうってつけです。旅人算、通過算、流水算などが速さの応用問題として有名ですが、ここでは速さと比の融合問題で、固くなった頭をほぐしてみましょう。

［方程式を使わない速さの問題］

問1　A君は、ある山のふもとから山頂までを往復しました。行きは毎時2kmの速さで登り、帰りは毎時6kmの速さで下ったところ、全部で6時間かかりました。この山のふもとから山頂までの道のりは何 km ですか。

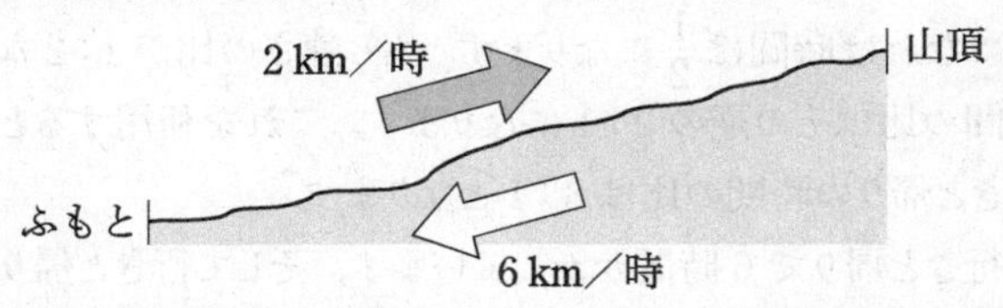

このような速さの応用問題は、必ずといっていいほど中1の数学の教科書に出ています。一次方程式を使えば、それほど苦労しなくても解ける問題です。方程式で解くなら、まず求める数を x とするという、セオリーがあります。そして速さなら、速さ＝道のり÷時間という公式に当てはめて式を作ります。

ふもとと山頂の間の道のりを x とすると、行きの時間は $\frac{x}{2}$、帰りの時間は $\frac{x}{6}$ として表せますから、次の方程式ができます。$\frac{x}{2}+\frac{x}{6}=6$　大人ならたちどころに答えが出るでしょう。

では次に方程式を使わない方法を考えてみましょう。速さの公式を使って、直接ふもとと山頂の間の道のりを求めることはできません。6時間のうち、どれだけの割合が行きなのか帰りなのかがわからないからです。

このようなことから、これは比を使う速さの応用問題ではないかと予想します。行きと帰りの速さの比は 2：6＝1：3 となります。

さて、ここで速さの比の裏ワザが登場します。速さが2倍になれば時間は$\frac{1}{2}$になります。もし速さの比が1:2なら、時間の比はその逆の2:1になります。これを利用すると、行きと帰りの時間の比は3:1となります。

行きと帰りで6時間かかっています。そして行きと帰りの比が3:1ということが分かっています。これは6時間を3:1に分ける、比例配分の問題なのです。速さの問題を比で解くという発想ができるようになれば、申し分ありません。

話を元に戻しましょう。速さの比と時間の比は逆になることに注意してください。6時間を3:1に分けると、行きは$6\times\frac{3}{3+1}$で求められます。道のりは、「速さ×時間」で求められますから、「2」をかければよいことになります。

問2　2地点A、Bがあり、ひろし君はAからBに、あや子さんはBからAに向けて同時に出発しました。出発してから18分後に2人は出会い、それから12分後にひろし君はBに着きましたが、あや子さんはAの手前3kmのところにいました。A、B間の道のりは何kmですか。

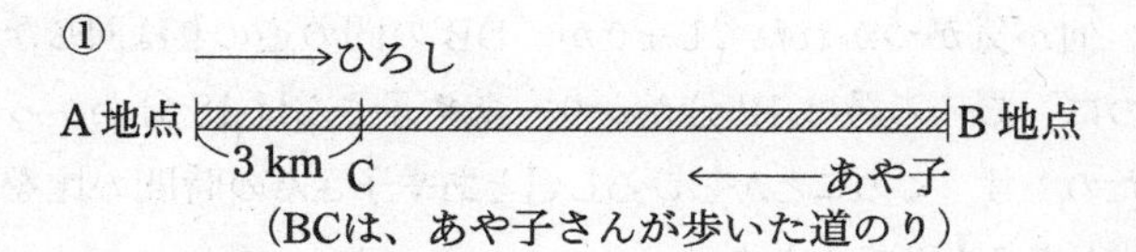

ひろし君とあや子さんの時間はわかりますが、速さはわかりません。しかし時間の比から速さの比は求められるかもしれません。そうすれば道のりの比もわかるはずです。道のりに関する唯一の手がかりは、あや子さんはAの手前「3 km」のところにいたというものです。

ヒントの図をよく見てください。このような問題は、まず文章通りに式を作ったり、図をかいてみたりします。この場合は線分図をかいてみましょう。本文中にはCはありませんが、説明の時に便利なのでAから3 km手前をCとしておきます。

この文章をいま一度よく読んでください。2人が出会った点をDとすると下図のような線分図になります。ひろし君はAからDまで行くのに18分かかり、あや子さんはBからDに行くまで18分かかったということになります。

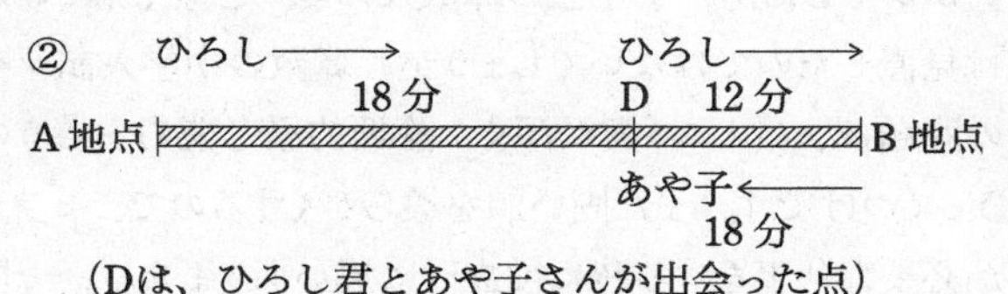

何か気がつかれたでしょうか。DBの間の道のりは同じなのに、ひろし君は12分かかり、あや子さんは18分かかったのです。このことからひろし君とあや子さんの時間の比を求めることができます。

12：18＝2：3となります。

2人の速さの比は逆になり、ひろし：あや子＝3：2　となります。つまりひろし君はあや子さんよりも、1.5倍の速さだということです。さて、実際に出ているもう1つの数字は、道のりの3kmですから、この比を道のりの比にして考えると、この問題は解けるのです。

では、元のヒントの図を見てみましょう。同じ時間でひろし君はABを、あや子さんはBCを歩きました。ひろし君とあや子さんの道のりの比は3：2です（速さの比と同じです）。これがわかれば、AB間の道のりを求めることができるのです。

AB間を③にするとBC間は②で表せます。そうすると③－②＝①で、AC間は①で表せることになります。

いかがでしたか。小学生の算数なんて、と軽く見ていた方は見直したのではないでしょうか。算数の中学入試レベルの問題は、けっこう奥が深く、論理的思考能力を養うのにうってつけです。また固い頭を柔らかくするので、ヒラメキが必要な仕事をする時に役立つに違いありません。一度でできなかった方は、もう一度問題文を読みなおして復習してみてください。今までとは違った発想ができると思います。

［解答］

問1　小学校の高学年で速さを学ぶ。比を利用した速さの問題は、中学入試によく出る。速さの比と時間の比は逆になることを利用する場合が多い。速さの比は、行き：帰り$=2:6=1:3$　時間の比は$3:1$　行き$6\times\frac{3}{3+1}=4\frac{1}{2}$

$4\frac{1}{2}\times2=9$

答え　9 km

問2　比と速さに慣れないと、かなりの難問。ひろしとあや子の時間の比は$12:18=2:3$　速さと道のりの比は$3:2$　$3-2=1$のこの1が3 kmにあたる。3にあたるのがAB間の道のりなので、$3\times3=9$

答え　9 km

第2章　計算と数量関係

5年・6年の算数に出てくる、割合、平均、速さ、比、比例はすべて、かなり抽象度が高い内容となっています。しかも実社会と強く結びついていることが多いため、生活していくうえで必要な知識ばかりです。割合と比と比例は、全体を1とする考え方に慣れなくてはなりません。また、平均や速さは、「1つあたりの量」や「1単位あたりの量」のことがよくわかると、より身近な存在になります。

割合や比のことを知っていると、将来設計に役立ちます。最近は人生の夢や目標をかなえる手助けをするフィナンシャル・プランナー（FP）という職業が人気です。算数・数学の知識を活用している仕事といえます。もちろん、日常生活でも必ず役立ちます。消費税やバーゲンセールの割り引き率などのことを知っていると、賢い消費者になれるでしょう。理系では当たり前ですが、文系でも会社に入ればよく出会うのが割合や平均や比の計算です。

営業の仕事をしている人が平均のことを知っていれば、1

日平均どれくらいの売り上げを目標にすればよいか、すぐわかります。また比や比例を知っていれば、営業の成績をグラフなどに表すことが簡単にでき、きちんとした計画書などもたちどころに出来上がります。論理的思考能力を鍛えることによって仕事力がアップします（この本でいう仕事には、家事労働も含むことを忘れないでください）。この第２章の内容は、実生活にも仕事にも役立つものであることを頭に入れて、各問題にチャレンジしてください。

第２章から第７章までは、論理的思考能力をアップするためのトレーニングを行います。まずは、数量関係から始めることにしましょう。

(1)計算のくふう

A　基本トレーニング

問題

次の計算をくふうしてやりましょう。

❶ $1+2+3+4+5+6+7+8+9+10$

❷ $103+101+105+102+106$

❸ $15\times25\times6\times4$

❹ 25×16

ヒント

❶から❹まで単純に順番通り計算してはいけません。1つ1つちょっとした工夫をすれば、すべて暗算でできます。

解説

❶最初と最後を次のように順番にたし算をしてください。

$1+10=11$、$2+9=11$、$3+8=11$、$4+7=11$、$5+6=11$ で、11が全部で5つ分ありますから、$11\times5=55$ となります。

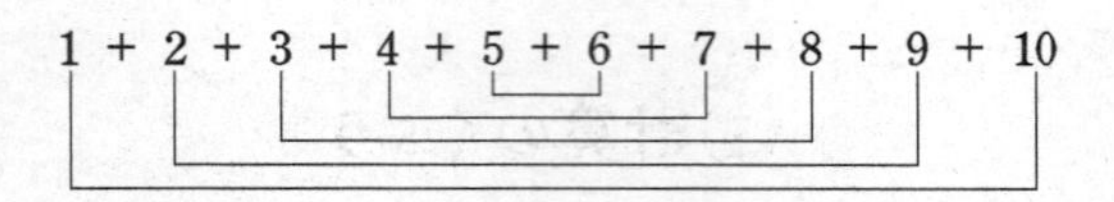

❷1の位だけを取り出してたし算をした後、100の5つ分を加えます。(100＋3)＋(100＋1)＋(100＋5)＋(100＋2)＋(100＋6)＝100×5＋(3＋1＋5＋2＋6)＝517

❸15×25×6×4の計算を順番通りしていては、計算力がある人でない限りできません。順番を変えることを考えてください。15×25×6×4＝(15×6)×(25×4)＝90×100＝9000

❹25×16もそのままでは暗算しにくいと思います。25か16を分解することを考えましょう。25×16＝(25×4)×4＝100×4＝400

答え　❶55　❷517　❸9000　❹400

ここがポイント

与えられた仕事をマニュアル通りにやっている人はいませんか。ただひたすら与えられた式の通りに計算していては、時間がかかるだけでなく計算ミスも多くなります。工夫をすることによって算数の面白さがわかってきます。

B　応用トレーニング

問題

次の各問いに答えてください。

❶ $3.14\times25+3.14\times120+3.14\times15-3.14\times60$ を計算しましょう。

❷ $\frac{1}{12}=\frac{1}{3\times4}=\frac{1}{3}-\frac{1}{4}$ という関係を利用して次の分数の計算をしましょう。$\frac{1}{12}+\frac{1}{20}+\frac{1}{30}+\frac{1}{42}$

ヒント

❶は、3.14 が何回も出てくることに着目してください。

❷は分母が１つ違いのひき算はどうなっているかを考えます。12 はすぐわかると思います。20、30、42 はそれぞれどのように分解すればよいかを工夫しましょう。

解説

❶各項に共通な因数 3.14 がありますから、(　) でくくることができます。$3.14\times25+3.14\times120+3.14\times15-3.14\times60$
$=3.14\times(25+120+15-60)=3.14\times100=314$

❷ $\frac{1}{12}=\frac{1}{3\times4}=\frac{1}{3}-\frac{1}{4}$ になることを知り、$\frac{1}{20}$、$\frac{1}{30}$、$\frac{1}{42}$ も

同じようにできないかを、推測してみてください。ただ機械的に共通な分母を見つけて正攻法でするのではなく、別の角度から考えましょう。20、30、42は2つの整数のかけ算で表してみます。しかもその2つの整数の差は1でなくてはなりません。20＝4×5、30＝5×6、42＝6×7となることに気がついた方もいると思います。そうすると与えられた式は次のように変形できます。$\frac{1}{12}+\frac{1}{20}+\frac{1}{30}+\frac{1}{42}=\frac{1}{3\times4}+\frac{1}{4\times5}+\frac{1}{5\times6}+\frac{1}{6\times7}=\left(\frac{1}{3}-\frac{1}{4}\right)+\left(\frac{1}{4}-\frac{1}{5}\right)+\left(\frac{1}{5}-\frac{1}{6}\right)+\left(\frac{1}{6}-\frac{1}{7}\right)=\frac{1}{3}-\frac{1}{7}=\frac{7}{21}-\frac{3}{21}=\frac{4}{21}$

答え　❶314　❷$\frac{4}{21}$

ここがポイント

❶のように3.14が含まれる計算を、式通りに順番にしようと思うと、時間がかかります。簡単な解決方法がないかを探してから始めると、よい仕事ができるものです。

❷は柔軟な発想で考えないと解けません。どのようにすれば短い時間で解決できるかがポイントになりますが、これは仕事をする時に役立ちます。

(2)割合

A　基本トレーニング

問題

みゆきさんは、お父さんから5000円もらい、その40%のお金で辞書を買い、残りのお金の20%でマンガを買いました。次の各問いに答えましょう（消費税は考えないものとする）。

❶みゆきさんが買った辞書は何円ですか。
❷マンガを買ったあとの残りは何円ですか。

ヒント

「100円の10%はいくらですか」という場合、どのような式になるかを思い出してください。マンガは5000円の20%ではなく、辞書を買った残金の20%であることに気をつけてください。

解説

「割合」とは何かをよく考えてみることにしましょう。「100円をもとにすると10円はどれだけの割合になりますか」という問題を線分図でかくと次のようになります。

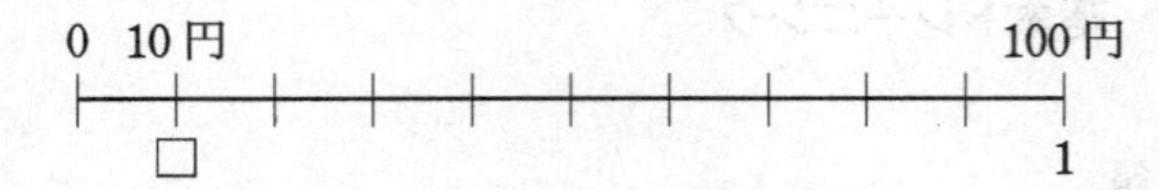

100円を1とすると、10円はどれだけになるかというのが割合なのです。図を見れば10円は0.1にあたることがすぐわかります。この0.1を100倍すると10%（百分率）になり、0.1を10倍すると1割になります。

これを公式で表すと次のようになります。

{くらべられる量}÷{もとにする量}={割合}

❶5000円の40%が辞書なので、5000×0.4=2000円。

❷まず辞書を買った後の残金を求めます。5000－2000=3000円となり、その20%がマンガです。3000×0.2=600円で、マンガは600円となりますから、最終的な残金は、3000－600=2400円。

答え　❶2000円　❷2400円

ここがポイント

割合は、全体を1とする抽象度の高い概念です。これがすらすら理解できるようになると、論理的な思考力はかなり高まります。割合を完全にマスターすると、高校受験や大学受験でも成功する確率が高くなることがわかっています。何か問題を解決しようと思ったら、抽象度の高い割合をマスターしておくと何かと便利です。

「100円の10％はいくらか」という問題は普通は10％を0.1にして100×0.1＝10として10円と答えます。その時「どうして10％を0.1にしなくてはいけないの？」と子どもに聞かれたらどうしますか。これに答えることができる大人は、実はあまりいないと思います。「10％は百分率だから100でわって0.1にしなくてはいけないよ」と説明しただけでは納得できない小学生は多いはずです。

「100円をもとにしたら10円の割合は？」これは10円÷100円という式で0.1となります。ではなぜ0.1のままでなく「100倍して百分率にするのか」という疑問が残ります。10円÷100円を分数で表すと$\frac{10円}{100円}$となり円という単位が約分のように消えてしまいます。実は割合は「単位のない数」なのです。割合であることがわかるように100倍して％という単位をつけるのです。

B　応用トレーニング

問題

ハンドバッグのバーゲンセールをしていました。定価の20％引きで売っていましたが、次の日は値引きされた売り値のさらに15％引きで売っていました。このハンドバッグは最初からみると、最後の売り値は何％安くなりましたか。

ヒント

定価を□やxにして考えるとわかりやすいと思います。ここではもう1つ、□やxを使わない方法も考えてください。割合（全体を1とする考え）だけで求めていく方法があるのです。

解説

ハンドバッグの定価を□にして考えると、次のようになります。□の20％引きですから、□の80％になります。これを式で表すと、□×(1−0.2)＝□×0.8となり、これが最初の値引きの値段です。さらにその15％引きですから、□×0.8×(1−0.15)＝□×0.8×0.85＝□×0.68となります。つまり定価の68％（0.68）ということになりますから、1−0.68＝0.32で32％安くなったことになります。

では、□やxを使わないで解くにはどうしたらよいでしょうか。それは定価を1と考える（定価全体を1とする）と簡単に解けるのです。20％引きなら、1－0.2＝0.8となります。そして0.8に対して15％引きですから0.8×(1－0.15)＝0.68となります。0.68が最終の売り値ですから、1－0.68＝0.32が安くなった割合であることがわかります。

答え　32％安くなる。

ここがポイント

全体を1とする考え方は、抽象度がかなり高いと思います。(1－0.2)×(1－0.15)＝0.68として、1－0.68＝0.32を求めるのが一番簡単な方法です。割合が何なのかがよくわかっていないと、このやり方では解けません。抽象的な思考力がつくと、理路整然とした文章が書けるようにもなります。卒論や企画書や日記等を書く時に役に立ちます。また説明文や論説文が理解しやすくなり、読むジャンルが多くなるので読書の幅が広がります。生涯学習のことを考えると、抽象的な思考力は重要な要素の1つと言えるでしょう。

(3) 分数と割合

A　基本トレーニング

問題

まりえさんと妹は2人で6000円持っています。まりえさんは3600円です。これについて、次の各問いに答えましょう。

❶ 2人の合計金額に対するまりえさんの金額の割合を分数で求めなさい。
❷妹の金額は、まりえさんの金額の何分のいくつですか。
❸ 2人の合計金額は、妹の金額の何倍ですか。分数で答えなさい。

ヒント

割合の基本的な公式を思い出してください。
{くらべられる量}÷{もとにする量}={割合}です。何がもとにする量なのかをよく考えてみましょう。分数と割合の関係に気がつくとすぐわかります。

解説

❶「2人の合計金額に対する」というのは「2人の合計金額をもとにする」ことです。これに気がつくと、もとにする量は6000円で、くらべられる量は3600円であることがわかります。$3600 \div 6000 = \frac{3600}{6000} = \frac{36}{60} = \frac{3}{5}$ となります。

❷「まりえさんの金額の」というのは「まりえさんの金額に対して」と同じ意味ですから、今度はまりえさんの金額がもとにする量になります。くらべられる量は妹の金額です。$6000 - 3600 = 2400$　$2400 \div 3600 = \frac{24}{36} = \frac{2}{3}$ となります。

❸今度は「妹の金額の何倍」と聞いているので、妹がもとにする量になります。これをもとにすると、2人の合計金額はいくつにあたるかを考えます。$6000 \div 2400 = \frac{60}{24} = \frac{5}{2} = 2\frac{1}{2}$ となります。

答え　❶ $\frac{3}{5}$　❷ $\frac{2}{3}$　❸ $2\frac{1}{2}$ 倍

ここがポイント

論理的思考能力を磨くには、抽象力を高める必要があります。分数の問題はその練習にはうってつけです。❶の「2人の合計金額をもとにする」ということは、「6000円を1」と考えることなのです。6000円を1とすると、3600円は $\frac{3}{5}$ になる、それが割合の基本的な意味です。

B　応用トレーニング

問題

あやさんは、所持金の$\frac{1}{3}$でTシャツを買い、残りの$\frac{2}{5}$より300円多いお金で本を買ったところ、600円残りました。これについて、次の各問いに答えましょう（価格は税込み）。

❶本の値段はいくらですか。

❷あやさんのはじめの所持金は何円ですか。

❸Tシャツの消費税はいくらですか。小数点以下は切り捨ててください（消費税は8%とする）。

ヒント

この問題を文章通りに式をたてると、次の方程式が得られます。あやさんの所持金をxとして式を作ります。

$$x-\underbrace{\frac{1}{3}x}_{\text{Tシャツ}}-\underbrace{\left\{\left(x-\frac{1}{3}x\right)\times\frac{2}{5}+300\right\}}_{\text{本}}=\underbrace{600}_{\text{残り}}$$

この1次方程式を解いていくと、あやさんの所持金やTシャツと本の値段が求められます。しかし、ここでは「割合」を利用して、方程式を使わない方法で解いてください。線分図をかきましょう。

解説 ……………………………………………………………………………………

この問題を線分図で表すと次のようになります。

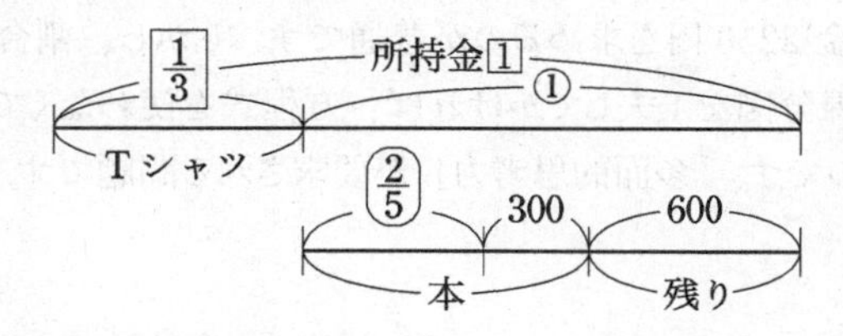

❶まず本の値段から求めます。Tシャツを買った残りを①とします。$1-\frac{2}{5}=\frac{3}{5}$で、$\frac{3}{5}$が（300＋600）にあたりますから、①はいくらになるかを考えてください。もし$\frac{1}{2}$が100円なら、1は$100\div\frac{1}{2}=200$で200円になります。同様に$\frac{3}{5}$が900円なら、$900\div\frac{3}{5}=1500$　①の部分は1500円ですから、本は$1500-600=900$となります。

❷所持金を1とすると、Tシャツを買った残りは$1-\frac{1}{3}=\frac{2}{3}$で、これは$\frac{2}{3}$＝①となります。つまり、$\frac{2}{3}$が1500円にあたるので、1は$1500\div\frac{2}{3}=2250$となります。

❸Tシャツは所持金の$\frac{1}{3}$ですから、$2250\times\frac{1}{3}=750$で、税込みで750円になります。$750\div1.08=694.44\cdots$となります。消費税は$750-694=56$から56円となります。

答え　❶900円　❷2250円　❸56円

ここがポイント

少し数学が得意な大人なら、xを使った方程式で、まず所持金2250円を求めるのが普通です。しかし、割合を利用し線分図を工夫してかければ、方程式を使わなくても解けるのです。「多面的思考力」が要求される問題です。

(4)売買算

A　基本トレーニング

問題

次の各問いに答えましょう。

❶アウトレットモールで買ったスニーカーは、定価の15%引きでした。売り値に消費税8%を加えて18360円支払いました。このスニーカーの定価は何円ですか。

❷商品を買うと8%の消費税がかかります。5000円で商品を買うとき、一番高いもので何円のものを買うことができますか。ただし消費税の1円未満は切り捨てることにします。

ヒント

消費税は身近なものですが、税の使われ方を含め今一つピンとこない方もいるかもしれません。□やxを使って方程式で解く方法と、(3)と同様に線分図をかく方法とがあります。工夫してみてください。

解説 ……………………………………………………

❶この問題を文章通りに図で表すと次のようになります。

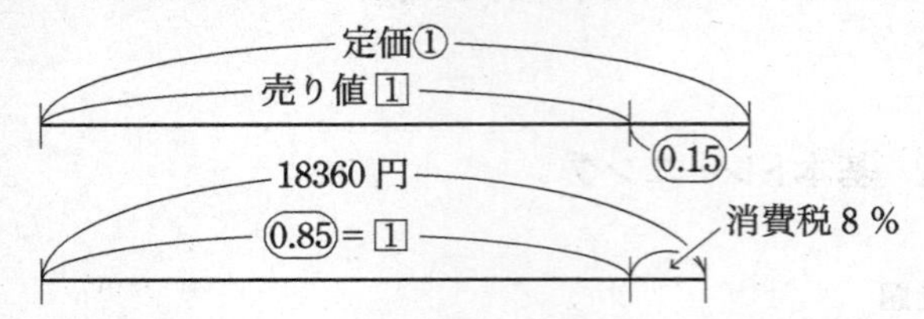

売り値を[1]とすると、[1]×(1+0.08)=1.08×[1]となり、1.08×[1]が18360円となります。18360÷1.08=17000……[1]これは(0.85)ですから、(0.85)が17000円にあたります。17000÷0.85=20000となります。(1−0.15)×(1+0.08)=0.918　18360÷0.918=20000でもOKです。

❷商品の値段を□かxにして、方程式で解いてみましょう。□に8%の消費税がかかるので、それは□×(1+0.08)で表せます。これが5000円以下になればよいので、□×1.08=5000という等式をたてますが、正確に計算するならば、5001。5000.9という小数までが税込みで5000円と考えられるからです。□×1.08=5001　□=5001÷1.08=4630.55…で、一番高い商品は4630円となります。

答え　❶20000円　❷4630円

ここがポイント

消費税と売買損益に関する問題は、正確にかつ速くできるようにしておくと、仕事や生活をしていく上でとても便利です。抽象的思考能力を高める練習にもなります。消費税は、世の中のことを真剣に考えるきっかけになります。

B　応用トレーニング

問題

A店とB店は同じ帽子を仕入れ、A店は原価の50%増しの定価をつけ、B店は原価の2割増しの定価をつけました。これではA店の店主は帽子は売れないと考え、4000円引いて、B店より400円安く売ることにしました。次の各問いに答えましょう（消費税は考えない）。

❶B店の定価は、A店の定価より何%安いですか。
❷この帽子の仕入れ値（原価）はいくらですか。

ヒント

今回もxを使わないで考えてみましょう。仕入れ値（原価）を1とすると、次のような線分図がかけます。よく見て解いてください。

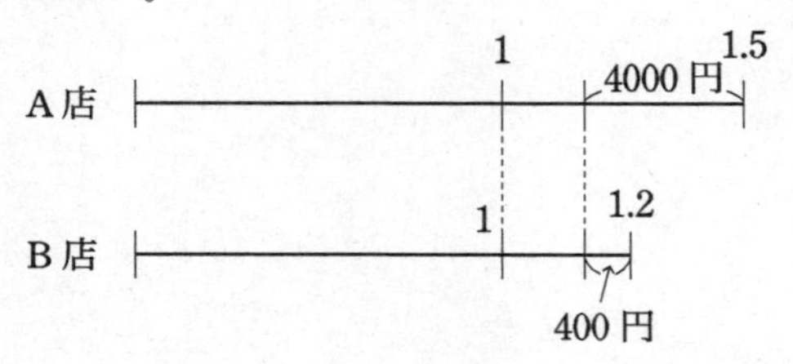

解説

❶仕入れ値（原価）を1とすると、AとBの定価はそれぞれA＝1＋0.5＝1.5、B＝1＋0.2＝1.2となります。Bの定価はAの定価に比べてどのくらい安いのかは、割合だけで求めることができます。B＝1.2はA＝1.5をもとにするとどれだけに当たるかを考えてください。1.2÷1.5＝(0.8)　①－(0.8)＝(0.2)　(0.8)や①は、A＝1.5やB＝1.2の割合とは別なので丸で囲っておきました。Aを①とするとBは(0.8)ということですから、(0.2)だけ安くなることがわかります（0.2＝20％）。

❷A店とB店の定価の差額は線分図を見ればすぐわかります。4000－400＝3600で3600円が差額です。ここの部分の割合は1.5－1.2＝0.3になります。つまり、0.3にあたるのが3600円ですから原価1にあたる値段は、3600÷0.3＝12000で、12000円となります。

答え　❶20％　❷12000円

ここがポイント

今回はヒントとして線分図をかいておきました。この図を見て、それぞれ何を意味するのか理解することがポイントです。文章を整理してそれを簡単な図で表すという作業は、かなり抽象力と想像力を必要とします。複雑そうに見えるものを簡単にする、これは生活していく上での智恵と言えます。このようにして問題解決能力を高めましょう。

(5)平均

A 基本トレーニング

問題

A、B、C、Dの4人が算数のテストを受けました。A、B、Cの3人の平均点は80点で、これはDより20点高い点数です。Cの点数はAより5点低く、AとBの平均点と同じです。次の各問いに答えましょう。

❶ 4人の平均点は何点ですか。
❷ Cは何点ですか。

ヒント

そろそろ基本トレーニングでも難しくなってきました。平均＝数量の総和÷個数という公式を思い出してください。❷のCの点数は平均の意味をよく考えるとひらめくはずです。

解説

❶ D＝80－20＝60で60点ですから、A、B、C、Dの平均点は（80×3＋60）÷4＝300÷4＝75で75点となります。

❷「Cの点数はAより5点低く、AとBの平均点と同じ」という文章から、A、B、Cがどういう関係があるのかを順番に考えていきます。CはAとBの平均点と同じで、Aより5点低いことがわかります。$C=\frac{A+B}{2}$で、C＝A－5ですから、$A-5=\frac{A+B}{2}$という関係になります。これはAとBの平均はAより5点低いということですから、Bはその2倍の10点Aより低いことになります。もしこの言葉だけで納得できない方は、式で確かめることができます。$A-5=\frac{A+B}{2}$ですから両辺に2をかけて移項すると、A＝B＋10となり、BはAより10点低いことは明白となります。結局AはBより10点、Cより5点高くなりますから、Aの3倍にあたる点数は（240＋10＋5＝255）255点となります。255÷3＝85で、Aは85点となります。C＝A－5＝85－5＝80

答え　❶75点　❷80点

ここがポイント

❶は比較的すんなりとできたはずです。❷は文章の理解にとまどう方も多かったのではないでしょうか。言葉だけでどのような論理になっているかを知るのは、仕事をしていくうえでも大切です。それを簡単な数式で明らかにして、論を先に進める方法も知ってください。

補足説明

B＝A－10、C＝A－5となります。またA＋B＋C＝240（A、B、Cの3人の平均点は80点なので）ですから

A＋（A－10）＋（A－5）＝240

A＋A＋A－15＝240

3×A＝255

A＝85、C＝A－5＝80

と、式の計算で求めることができます。

B　応用トレーニング

問題

文房具店でボールペン1本を200円で売っています。20本より多く買うと、21本以上の分については、30%引きにしてくれます。これについて次の各問いに答えましょう。

❶ボールペン40本を買うと、支払う代金は何円ですか。税込みとします。

❷ボールペン1本あたりの値段の平均が160円以下になるのは、何本以上買うときですか。

ヒント ………………………………………………………………

❶は、30%引きだと1本いくらになるかを出せば楽に求められると思います。

❷は、不等式を使わないで考えてみましょう。算数ではおなじみの面積図を次にかいておきますから、これをヒントに論理的に考えてみてください。

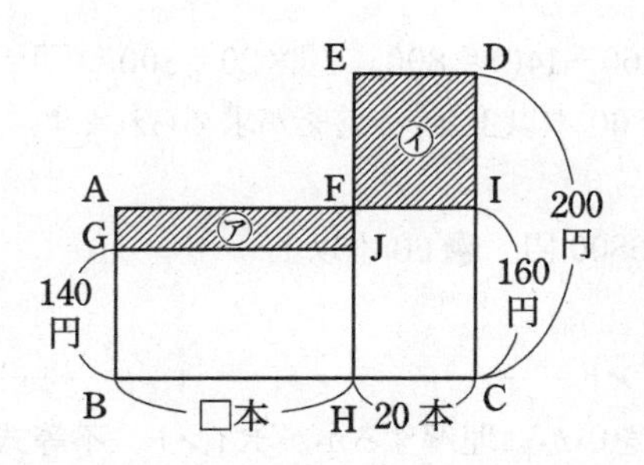

解説

❶20本までは、200×20＝4000で、4000円です。21本から40本までは、200×(1－0.3)×20＝2800で、2800円です。4000＋2800＝6800

❷ヒントの図をよく見てください。たてを1本あたりの値段、横を個数で表していますから、面積は「1つあたりの量」×「いくつ分」より、全体の代金ということになります。㋐と㋑の面積をよく見ましょう。長方形ABCIの面積は、ボールペン1本あたりの値段の平均が160円となった時の合計代金です。BCはその時のボールペンの個数であることは言うまでもありません。長方形GBHJは、21本以上のボールペンの代金で、長方形EHCDは20本のボールペンの代金です。そうすると長方形EFID㋑の面積を長方形AGJF㋐に移して、平均にならしたと考えることができますから、㋐＝㋑となります。㋑→20×(200－160)＝800　㋐

→□×(160－140)＝800　□×20＝800　□＝40　40＋20＝60 で 60 本以上という答えが求められます。

答え　❶ 6800 円　❷ 60 本以上

ここがポイント

面積図をいかに理解するかがポイント。不等式 $200 \times 20 + 140 \times (x - 20) \leqq 160 \times x$ で簡単に解けますが、面積図は平均の原理を知ったうえで多面的思考法を活用して解いていますから、頭をかなり使います。不等式はデジタル思考、面積図はアナログ思考と言ってもよいかもしれません。

(6)旅人算

A　基本トレーニング

問題

兄は分速 80 m、弟は分速 60 m の速さで同じ地点から同じ方向に出発しました。次の各問いに答えましょう。

❶ 2 人は 1 分間に何 m ずつ離れますか。
❷ 0.6 km 離れるのは何分後ですか。
❸弟が 6 分歩いた後で兄がスタートすると、何分後に追いつくでしょう。

ヒント

1970 年代までの学校教科書によく出ていた旅人算です。速さの差と道のりの差に着目してください。速さ＝道のり÷時間の公式も忘れないようにしましょう。方程式を使わないで解いてください。

解説 ……………………………………………………………………

❶ 80－60＝20 で、1 分間に 20 m ずつ離れていきます。

❷ 0.6 km＝600 m そして 1 分間に 20 m ずつ離れますから、600 m の中に 20 m がいくつ分あるかを求めることになります。これは 600÷20 というわり算で求めることになりますから 30 分という答えが出ます。

❸❶と❷を利用して考えます。弟は 6 分歩いたのですから、60×6＝360 で、兄よりすでに 360 m 先を歩いていることになります。360 m 差のあるところを、兄が追いかけていきますが、弟も同時に分速 60 m で歩いていることを忘れてはいけません。1 分間に 80－60＝20 で 20 m ずつ差（360 m）が縮まることに着目します。すなわち、360 m の中に 20 m がいくつ分（何分）あるかを求めます。360÷20＝18 で 18 分となります。

答え　❶ 20 m　❷ 30 分　❸ 18 分

ここがポイント ……………………………………………………………

兄と弟の道のりの差を、速さの差でどれだけ縮めることができるかを考えます。差をどんどん詰めていくのが旅人算のポイントです。機械的に（追いつく時間を x 分として）方程式 $60(x+6)=80x$ を作り、$x=18$ とするよりも、速さの意味をよく理解しなくてはなりません。

補足説明

この問題では次のような問いもよくあります。

「弟が 6 分歩いた後で兄がスタートすると、何 m 先で追いつきますか」

これは❸の変形バージョンです。18 分後に追いつくので、兄は 18 分歩いたことになります。80×18＝1440　1440 m となります。

弟に視点を置くと、6＋18＝24 で 24 分歩いたことになるので、60×24＝1440 となります。

デジタル方式と名付けた方程式で解くと、式をたてたらあとは答えに至るまで一直線というイメージです。しかしここで示したアナログ式の解法は、多様な角度から考えて一歩一歩答えに近づく、というイメージですね。アナログ式の解法は、合理的なデジタル式に比べて何か人間的な温かい心を感じるのは私だけでしょうか。

B　応用トレーニング

問題

あゆみさん、ひかるさん、まい子さんの3人は、学校から駅まで同じ道で行くことにしました。あゆみさんは分速60 m、ひかるさんは早足で分速100 mの速さで歩きました。まい子さんは自転車で行きました。あゆみさんが出発した12分後にひかるさんが出発し、その4分後にまい子さんが出発しました。ひかるさんは、途中であゆみさんに追いつき、その6分後に、まい子さんと同時に駅に着きました。次の各問いに答えましょう。

❶ひかるさんがあゆみさんに追いついたのは、ひかるさんが学校を出発してから何分後ですか。
❷学校から駅までの道のりは何kmですか。
❸まい子さんの自転車の速さは分速何mですか。
❹まい子さんがあゆみさんに追いついたのは学校から何mの地点ですか。

ヒント

文章を整理し順番に考えましょう。線分図が有効です。

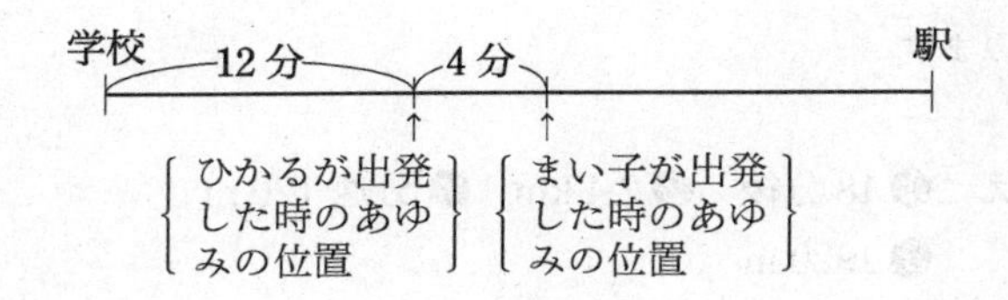

解説

❶ひかるさんが出発した時、あゆみさんはすでに、60×12＝720で720m先にいました。1分間に100－60＝40で40mずつ差が縮まりますから、720÷40＝18で、18分後となります。

❷ひかるさんが出発してから駅に着くまでの時間は、追いついた6分後ですから、18＋6＝24で、24分です。ひかるさんの分速は100mですから、100×24＝2400で2400mとなります。これをkmで答えてください。

❸まい子さんは、ひかるさんが出発した4分後にスタートしていますから、24－4＝20で、20分走っていることになります。2400mのところを20分ですから、2400÷20＝120で、分速120mになります。

❹まい子さんが出発した時、あゆみさんは60×(12＋4)＝960で、960m先にいました。2人の速さの差は120－60＝60で分速60mですから、960÷60＝16で、16分後に追いついたことになります。120×16＝1920で、1920mと

なります。

答え　❶ 18 分後　❷ 2.4 km　❸ 分速 120 m
❹ 1920 m

ここがポイント

長い文章を順番に整理して簡単にしていくことができるようにすることが大切です。問題を解決していく糸口を見つける時には、必ずいろいろな条件を整理して考えます。新しい企画をたてたり、新しい仕事を成功させるには、このような思考法が役立ちます。私たちの夢や目標を実現させるためには、成功する可能性が高い計画をたてなくてはなりません。この時、このような算数的思考法は役に立ちます。

(7)通過算

A　基本トレーニング

問題

分速600 mで走る電車が長さ360 mの鉄橋を渡るのに52秒かかりました。また、この電車がトンネルを通過するとき、トンネルの中にかくれて見えない時間は36秒でした。次の各問いに答えましょう。

❶この電車の長さは何mですか。
❷トンネルの長さは何mですか。
❸この電車がトンネルを通過するのにかかる時間(電車がトンネルの入口にさしかかってから、完全に通り抜けるまでの時間)は何秒ですか。
❹この電車が1本の柱の前を通過するのにかかる時間は何秒ですか。柱の幅は考えないものとします。

ヒント

電車の長さと鉄橋やトンネルの長さを合計した距離を、

電車は走ることになります。このような問題も図をかいて整理するとわかりやすくなります。

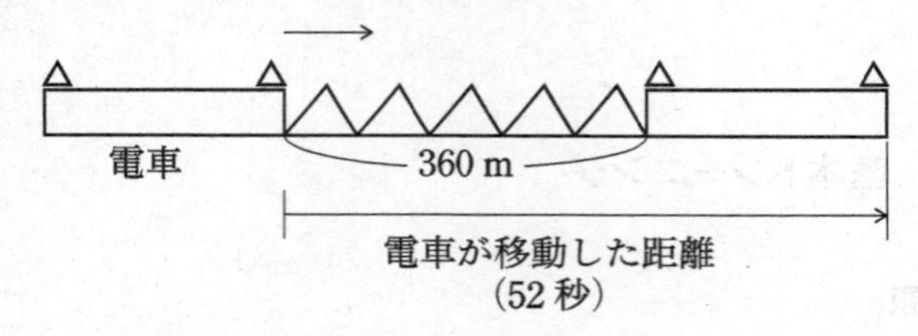

解説

❶ヒントの図をよく見てください。分速600 mで52秒移動しましたから、その距離は、速さ×時間で求められます。ここでは単位を秒でそろえます。分速600 m＝秒速10 mですから、10×52＝520で、この距離は520 mになります。電車の長さは520－360＝160で、160 mです。

❷電車が36秒で走った距離は10×36＝360で、360 mです。次の図を見てください。

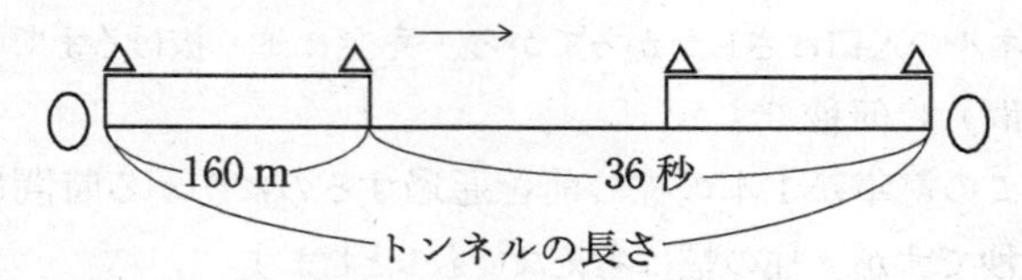

36秒で移動した距離と電車の長さの和がトンネルの長さになります。160＋360＝520で、520 mです。

❸（160＋520）÷10＝68で、68秒かかります。

❹この場合は、電車の走る距離は、電車の長さに等しくなります。160÷10＝16で16秒になります。

答え　❶160 m　❷520 m　❸68秒（1分8秒）
❹16秒

ここがポイント

頭の中だけで考えていたのでは、電車と鉄橋やトンネルとの関係がはっきりしてきません。アナログ的発想でまず図をかいてみましょう。かいていくうちに、ヒントを見つけることができます。

B　応用トレーニング

問題

16両つなぎののぞみと、12両つなぎのこだまがすれちがいました。1両の長さは24 m、つなぎの部分は80 cmとし、のぞみは時速180 km、こだまは時速135 kmとします。次の各問いに答えましょう。

❶のぞみは16両で何mになりますか。
❷のぞみとこだまがすれちがうのに約何秒かかりましたか（小数第2位まで求めなさい）。

ヒント

　向かい合っている場合、1秒間にどれだけの距離を移動するのかを考えてください。つなぎ部分（連結部）が何か所あるかは、植木算で求めることになります。

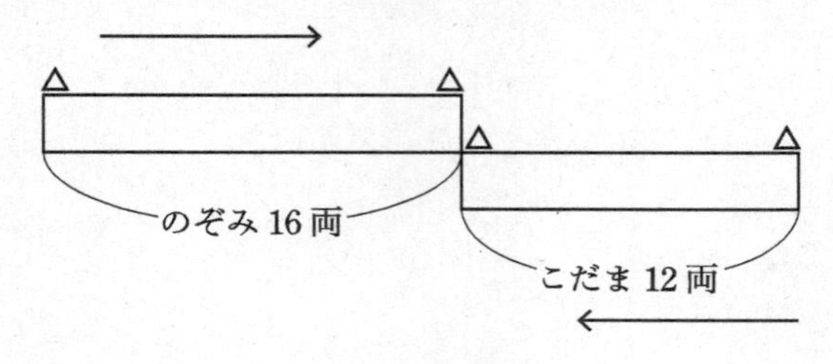

解説

❶のぞみは16両編成ですから、連結部は16－1＝15で15か所です。24×16＋0.8×（16－1）＝384＋12＝396で、396 mになります。

❷❶と同様に、12両編成のこだまの長さを求めます。24×12＋0.8×（12－1）＝288＋8.8＝296.8で、こだまの長さは296.8 mになります。次に時速を秒速に直すようにします。

のぞみ……180000 m÷3600秒＝50 m／秒（秒速50 m）

こだま……135000 m÷3600秒＝37.5 m／秒（秒速37.5 m）

（396＋296.8）÷（50＋37.5）＝7.917…

1秒間に、（50＋37.5）m移動しますが、のぞみとこだまがすれ違う時に移動する距離は（396＋296.8）mであることに着目すると、先のような式ができ、約7.92秒という答えが求められます。（396＋296.8）mの中に（50＋37.5）m／秒がいくつあるかを考えればよいことに気がついてください。

答え　❶396 m　❷約7.92秒

ここがポイント

のぞみとこだまが、すれ違う間に何mの距離を移動するのかをまず考えます。次になぜ時速を秒速に直して計算するのかを考えてください。のぞみやこだまの長さの単位はmで、時間は秒であることが想像できれば、なぜ秒速なのかがわかります。科学的な物の見方が重要であるとOECDは教育提言しています。「なぜ」という疑問をもつことが大切であることは言うまでもありません。

(8)流水算

A　基本トレーニング

問題

ある川を船が 30 km 上るのに、1 時間 30 分かかり、同じところを下るのに 1 時間 15 分かかりました。次の各問いに答えましょう。

❶この船の上りの速さは時速何 km ですか。
❷この船の下りの速さは時速何 km ですか。
❸この川の流れの速さは時速何 km ですか。
❹この船の静水での速さは時速何 km ですか。

ヒント

　このような問題を流水算といって、1970 年代頃までの小学校算数の教科書にはよく出ていました。船の下りと上りの速さ、川の流れの速さ、静水時の船の速さの関係を考えてください。次の図をよく見て下りの速さと上りの速さの差は何なのか、なぜ差が生まれるのかを順番に推理していきましょう。

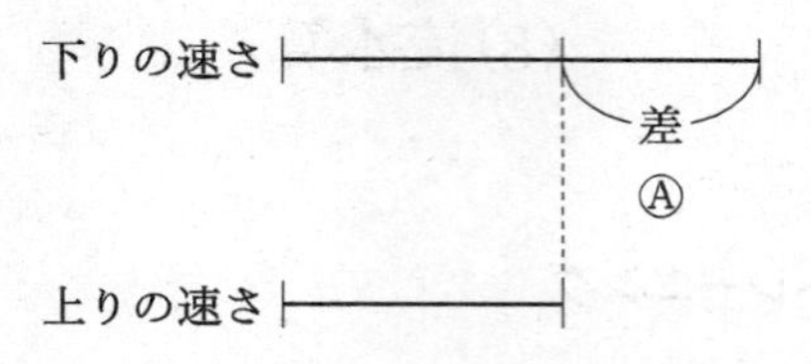

解説

❶道のりは 30 km、時間は $1\frac{1}{2}$ 時間ですから、$30\div1\frac{1}{2}=30\times\frac{2}{3}=20$ で、時速 20 km であることがわかります。

❷道のりは同じ 30 km、時間は $1\frac{15}{60}=1\frac{1}{4}$ 時間ですから、$30\div1\frac{1}{4}=30\times\frac{4}{5}=24$ で、時速 24 km であることがわかります。

❸ヒントの線分図をよく見てください。下りと上りの差Ⓐは、川の流れがあるために生じたものです。下りは川の流れが「加わる」ので船の速さより速くなり、上りは川の流れが逆になるので、船の速さより遅くなります。この差Ⓐは川の流れの速さの 2 倍ということになります。$(24-20)\div2=2$ で時速 2 km となります。

❹静水時の船の速さは、上りの速さに 2 を加えるか、下りの速さから 2 をひくかのどちらかで求めます。$20+2$ または $24-2$ で時速 22 km となります。

答え　❶時速 20 km　❷時速 24 km　❸時速 2 km
　　　❹時速 22 km

ここがポイント

　下りの速さと上りの速さの差は何なのか、それを線分図をかきながらじっくり推理すると、その差Ⓐは川の流れの速さの2倍であることに気がつくはずです。「なぜなの?」という疑問を常に持ち、それはどういうことなのかをよく考えると、いろいろな情報を手早く正確につかむことができるようになります。

補足説明

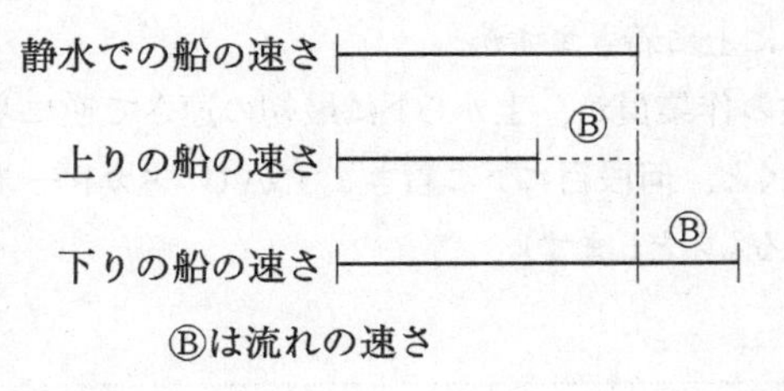

B　応用トレーニング

問題

停止しているとき84段見えているエスカレーターを点検することになりました。上りのエスカレーターが動いているとき、ここを作業員が歩いて上ったら上に60段目に着きました。次の各問いに答えましょう。

（芝中改）

❶作業員が歩く速さとエスカレーターの速さの比を求めなさい。

❷2倍の速さで歩いて、同じエスカレーターを上ったら、何段目に上に着きますか。

❸点検の作業員が、上から下に最初の速さで逆に歩いて下りていくと、何段目に下に着きますか（エスカレーターは動いているものとします）。

ヒント

流水算の応用問題です。歩く速さが静水時の船の速さ、エスカレーターの速さが川の流れの速さと考え、比を使って解きます。

解説 ……………………………………………………………………………

❶84段あるところを、60段足で上っただけで上に着いたということは、84－60＝24で、24段分エスカレーターが動いたことになります。歩く速さは60段、エスカレーターの速さは24段と考えられます。速さの比は60：24＝5：2となります。

❷歩く速さが2倍ですから、❶を利用すると、歩く速さ：エスカレーターの速さ＝5×2：2＝10：2＝5：1となります。84段のうち、歩くのは5で、エスカレーターが動くのは1ということになりますから、84を5：1に比例配分することになります。$84\times\frac{5}{5+1}$で、70段目になります。

❸下る時はエスカレーターの流れに逆らうことになりますから、下りの速度は遅くなります。歩く速さを△5とするとエスカレーターは△2ですから、△5－△2＝△3で、歩いて下る速さは△3となります。今度は△5はエスカレーターの下から上までの距離だと思ってください（速さと距離は比例します）。そうすると△3のところを84段かかったと考えることができますから、残りの△2は、84÷3×2＝56で56段ということがわかります。下に着くのは84＋56＝140で140段目となります。

答え　❶5：2　❷70段目　❸140段目

ここがポイント

流水算を、比を利用して解くことに気がつくかどうかがポイントです。かなり抽象度が高い問題ですから、じっくり取りくんでみましょう。

(9) 速さの応用

A 基本トレーニング

問題

兄と妹が100 m競争をしました。兄がゴールした時、妹は20 m後ろにいました。次の各問いに答えましょう。

❶兄と妹の速さの比を求めなさい。

❷兄は100 mを12秒で走るとすると、妹は100 mを何秒で走りますか。

❸ 2人一緒にゴールするためには、兄はスタート地点より何m後ろから走ればよいですか。兄と妹の走る速さは一定であるとします。

ヒント

❶速さと距離は比例することを利用しましょう。

❷❶で兄と妹の速さの比がわかれば、兄と妹の時間の比が求められます。

❸❶を利用して比で考えてください。

解説

❶兄が100 m走る間に妹は80 mしか走れません。距離と速さは比例しますから（速さが2倍になれば距離も2倍になる）、100：80は速さの比でもあるわけです。100：80＝10：8＝5：4

❷兄と妹の速さの比は5：4ということがわかりました。一定の距離を走る場合、速さが2倍になると時間は$\frac{1}{2}$になることに着目してください。速さと時間は逆の比になります。速さが2：1なら時間は1：2です。同様に速さが5：4なら、兄と妹の時間の比は4：5になります。妹の時間を□とすると、4：5＝12秒：□　60＝4×□　□＝15で、妹は15秒となります。

❸妹が100 m走る間に兄が△ m走るとすると、5：4＝△：100　4×△＝500　△＝125となり、兄は125 m走ると妹は100 m走ることになりますから、兄は25 m後ろから走ればよいことになります。

答え　❶5：4　❷15秒　❸25 m後ろ

ここがポイント

速さの比と距離の比は同じであることに気がつくかどうかがポイントです。また速さと時間は反比例します。速さが

1:2なら時間はその逆の2:1になることは、よく考えればだれにでもわかることですが、意外と気がつかない人が多いようです。

時間と速さと距離の関係の比で表すには、論理的思考能力が求められます。

B　応用トレーニング

問題

まさひろ君が5歩走る間にたくや君は4歩走り、まさひろ君が6歩で行く距離をたくや君は5歩で行きます。次の各問いに答えましょう。

❶まさひろ君とたくや君の歩幅の比を求めなさい。
❷まさひろ君が1時間で走る距離をたくや君が走ると、何分何秒かかりますか。

（聖光学院中改）

ヒント

速さの応用問題です。まさひろ君とたくや君の歩幅の比をまず求め、2人の速さの比を求め、次に時間の比を求めるという順番で攻略します。

解説

❶まさひろ君とたくや君の歩幅を、それぞれAとBとします。まさひろ君の歩く距離 $A\times6$ とたくや君の歩く距離 $B\times5$ は同じです。$A\times6=B\times5$ という関係からAとBを比で表すことができます。$A\times6=B\times5=1$　$A=\frac{1}{6}$　$B=\frac{1}{5}$

A：B＝5：6

❷まさひろ君は5歩走る間にたくや君は4歩走るので、歩幅の比⑤：⑥にそれぞれ5歩と4歩をかけると、⑤×5：⑥×4＝㉕：㉔となります。この㉕：㉔はまさひろ君とたくや君の距離の比（進んだ距離）または速さの比ということになります。求めるのは時間の比です。まさひろ君とたくや君の時間の比は、逆の㉔：㉕になります。24：25＝60：□の式から（1時間は60分）、□＝62.5分となります。0.5分は30秒ですから、62分30秒となります。

答え　❶5：6　❷62分30秒

ここがポイント

一定の時間に、まさひろ君は5歩、たくや君は4歩進みます。次に一定の距離をまさひろ君は6歩で、たくや君は5歩で行きます。この関係を整理して書きながら考えると、AとBの歩幅の比が求められます。次に速さと時間は反比例することを使用して、たくや君の時間を求めます。かなり抽象度が高い考え方ですから、論理的思考能力を高める練習にはうってつけです。この問題の場合❶は❷のヒントになっています。

(10) 比の意味

A　基本トレーニング

問題

まきさん、あいさん、ゆう子さん3人の所持金の合計は10400円です。同じ値段のハンカチを、まきさんは所持金の $\frac{1}{2}$ で4枚、あいさんは所持金の $\frac{1}{3}$ で2枚、ゆう子さんは所持金の $\frac{1}{4}$ で3枚買いました。次の各問いに答えましょう。ただし、消費税込みで考えてください。

❶まきさん、あいさん、ゆう子さんそれぞれ3人の所持金の比を求めなさい（一番簡単な整数比で答えてください）。

❷ハンカチ1枚の値段を求めなさい。

❸ゆう子さんの所持金はいくらですか。

ヒント

このような問題は、方程式ではなかなか解けません。ハンカチの枚数をもとにして、実際の所持金がわからなくても、3人の比が求められます。❶がわかれば❷、❸は順番に考えていけば解けるはずです。

解説

❶ハンカチ1枚の金額を$\boxed{1}$と仮定し、まきさんの所持金をA、あいさんの所持金をB、ゆう子さんの所持金をCとすると、次の式が成り立ちます。$A\times\frac{1}{2}=\boxed{4}$　$B\times\frac{1}{3}=\boxed{2}$　$C\times\frac{1}{4}=\boxed{3}$　この式から$A=\boxed{8}$、$B=\boxed{6}$、$C=\boxed{12}$となり、$\boxed{8}$、$\boxed{6}$、$\boxed{12}$はそれぞれA、B、Cの所持金の割合になります。

$\boxed{8}:\boxed{6}:\boxed{12}=4:3:6$

❷ハンカチ1枚の金額を$\boxed{1}$とすると$A+B+C=\boxed{8}+\boxed{6}+\boxed{12}=\boxed{26}$、$\boxed{26}=10400$円となりますから、$\boxed{1}=10400\div26=400$となります。10400円を4:3:6から比例配分して、$10400\div(4+3+6)=800$としてはいけません。

❸ゆう子さんの所持金をCとすると、$C\times\frac{1}{4}=400\times3$、$C\times\frac{1}{4}=1200$　$C=4800$

（別解　A:B:C=4:3:6なので10400円を比例配分します。$10400\times\frac{6}{4+3+6}=4800$）

答え　❶4:3:6　❷400円　❸4800円

ここがポイント

3人の実際の金額は出なくても、比で表すことができます。ハンカチ1枚をx円とすると、$A\times\frac{1}{2}=4x$、$B\times\frac{1}{3}=2x$、$C\times\frac{1}{4}=3x$となるので、$A:B:C=8x:6x:12x=8:6:12$

=4：3：6と求められます。しかし、ここでは抽象度が高いハンカチ1枚の金額をxではなく[1]とするのがポイントです。このような多面的思考ができるようになると、生涯学習に結びついていきます。

補足説明

文字xを使わないで[1]の表記をするのが算数では一般的です。①でも△1でもかまいません。しかしこの表記はアルファベットのa、b、c、x、y、zの文字に比べると限定されるだけでなく計算する時に不便ですね。このようなことを知っていると、いかに中学で学ぶ「文字式」が便利かということがわかります。

B　応用トレーニング

問題

ボールペンと鉛筆を合わせて60本買いました。ボールペンは1本120円で、鉛筆は1本80円です。またボールペン全部の金額（定価の総額）と鉛筆全部の金額（定価の総額）の比は3：4です。ボールペンは定価の10%引き、鉛筆は定価の15%引きにしてくれました。次の各問いに答えましょう。

❶ボールペンの数と鉛筆の数の比を、最も簡単な整数比で求めなさい。
❷ボールペンは何本ですか。
❸ボールペンと鉛筆を合わせて60本買うのに支払った金額を求めなさい。ただし消費税は8%とします（外税です）。

ヒント

比と比の関係で比を求めるという、かなり高度なテクニックが必要な問題です。「本数の比」と「値段の比」の積は何を表すのかを考えてください。

解説 ……………………………………………………………………………

❶「1本あたりの値段」×「本数」=「全部の金額」の式を思い出してください。また、「本数の比」×「1本あたりの値段の比」=「金額の比」になります。例えば、ボールペン1本100円、鉛筆1本50円でそれぞれ1本と2本なら、本数の比は「1:2」で、1本あたりの値段の比は100:50から「2:1」になります。この2つの比をかけると、金額の比は「1×2:2×1」で2:2=1:1となります。実際、ボールペンは1×100=100円、鉛筆は2×50=100円ですから、金額の比は100:100:1:1となります。この性質を利用して解いてください。金額の比は3:4、1本あたりの値段の比は120:80=3:2です。また「本数の比」=「金額の比」÷「値段の比」になりますから、(3÷3):(4÷2)=1:2となり、本数の比は1:2になります。

❷比例配分で考えます。$60\times\frac{1}{1+2}=20$ で20本となります。

❸ 60−20=40……鉛筆　120×20×(1−0.1)+80×40×(1−0.15)=2400×0.9+3200×0.85=4880　4880×1.08=5270.4

答え　❶1:2　❷20本　❸5270円

ここがポイント

比の意味をよく理解すると、「1本あたりの値段の比」×「本数の比」=「金額の比」になることに気がつきます。原理やしくみをよく知り、基本に戻って再考することによって、問題を解決する糸口を見つけることができるのです。

（11）　比例配分

A　基本トレーニング

問題

A社製のハンカチの10% 引きと、B社製のハンカチの20% 引きの値段は同じで、その2つのハンカチの定価の合計は3400円でした。次の各問いに答えましょう。

❶ A社製のハンカチの定価と、B社製のハンカチの定価の比を一番簡単な整数比で表しなさい。
❷ A社製のハンカチを3枚買いました。いくら払わなくてはなりませんか。ただし消費税は8% とし、3枚とも10% 引きで買ったとします。

ヒント

10% 引きは90% で売ることです。❶でまず2つのハンカチの比を求めることを考えてください。10% 引きのハンカチと20% 引きのハンカチが等しいというのがポイントです。

解説

❶A社製の定価をA、B社製の定価をBとします。Aの10%引きはA×(1−0.1)、Bの20%引きはB×(1−0.2)という式で表せます。この2つの式は同じですから、A×0.9＝B×0.8となります。A×0.9もB×0.8も売り値であることを忘れないでください。それを1に置き換えると、AとBの比を求めることができます。A×0.9＝B×0.8＝1　A＝$\frac{10}{9}$、B＝$\frac{5}{4}$　A：B＝$\frac{10}{9}$：$\frac{5}{4}$＝40：45＝8：9となります。

❷3400円を8：9に比例配分することを考えてください。

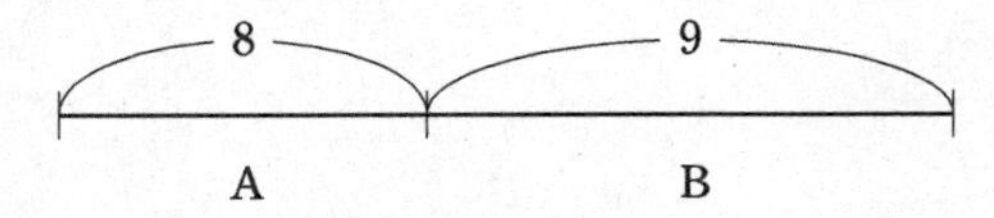

$3400\times\frac{A}{A+B}=3400\times\frac{8}{8+9}=1600$　$1600\times(1-0.1)=1440$　$1440\times3\times1.08=4665.6$で、4665円になります。

答え　❶8：9　❷4665円

ここがポイント

未知数が2つあり、その2つの割合の関係がわかっていると、2つの数は比で表すことができます。さらにこの場合その2つの数の和がわかっていますから、比例配分で求めることができます。機械的に連立方程式で解くよりも、比を利用する方法はかなりの工夫が要求されます。１つ１つ論理的に話を進めていかないと解けません。

B　応用トレーニング

問題

たて、横の長さの比がそれぞれ3:4、4:5である2つの長方形の花壇A、Bがあり、その面積の和は6a（アール）です。次の各問いに答えましょう。

❶ A、Bの面積比が7:3であるとき、Bの横の長さは何mですか。

❷ Aの横の長さと、Bのたての長さの比が5:3であるとき、Aの面積は何m^2ですか。

（芝中改）

ヒント

長さと面積の比の関係を考えて、解法の糸口を見つけます。ここでもまず、図をかいてみましょう。

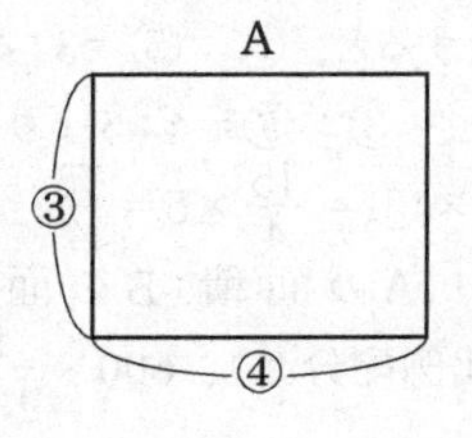

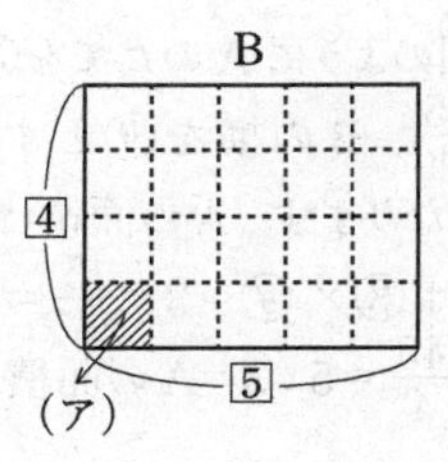

解説

❶長方形Bの面積を求めます。6 a＝600 m^2 を7：3に分けます。$600\times\frac{3}{7+3}=180$ で、Bは180 m^2 です。次にヒントに出ている長方形Bの図を見てください。たてが[4]で横が[5]ですから、たてを4等分、横を5等分と考えると、（ア）の四角形が20個できます。（ア）の四角形は1辺が[1]の正方形であることがわかります。また（ア）の面積は180÷20＝9で9 m^2 になります。正方形の面積が9 m^2 ですから、□×□＝9により1辺は3 mであることがわかります（平方根を知らなくてもできます）。[1]＝3 mですから、Bの横の長さは、3×[5]＝15 mとなります。

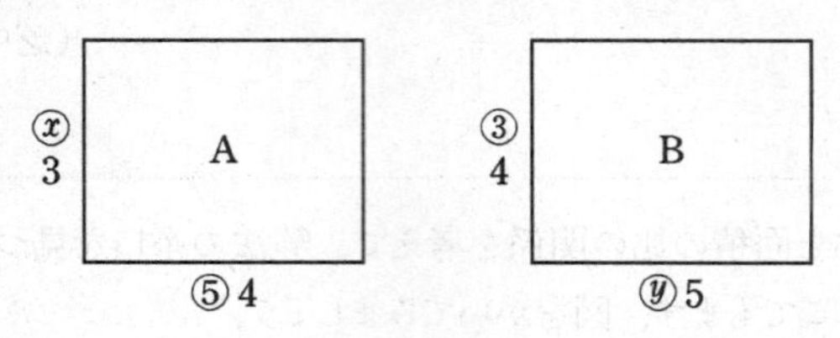

❷上図のようにAのたてをⓧとすると、ⓧ：⑤＝3：4より、ⓧ＝$\frac{15}{4}$、Bの横をⓨとすると、③：ⓨ＝4：5よりⓨ＝$\frac{15}{4}$になります。Aの面積はⓧ×⑤＝$\frac{15}{4}\times5=\frac{75}{4}$　Bの面積は③×ⓨ＝$3\times\frac{15}{4}=\frac{45}{4}$　Aの面積：Bの面積＝$\frac{75}{4}:\frac{45}{4}=5:3$　Aの面積は比例配分より、$600\times\frac{5}{5+3}=375$

答え　❶ 15 m　❷ 375 m^2

ここがポイント

　長さの比と長さの比をかけると面積の比になることに気がつくかどうかがポイントです。ヒントのような図をかけるようになると、物事を上手に処理できるようになります。これはかなりの難問です。

（12）比の性質を利用する

問題

池に、長さのちがいが 84 cm の 2 本の棒 A と B をまっすぐに立てました。A はその $\frac{1}{4}$ が、B はその $\frac{3}{5}$ が水面に出ました。次の各問いに答えましょう。

❶棒 A と B の長さの比を求めなさい。

❷棒 B の長さは何 m ですか。

❸池の深さは何 cm ですか。

ヒント

図をかいてみましょう。A の $\frac{3}{4}$ と B の $\frac{2}{5}$ は池の深さですから同じです。$\frac{3}{4}$ をかけたものと $\frac{2}{5}$ をかけたものが等しいので、B の方が長いことがわかりますから、その

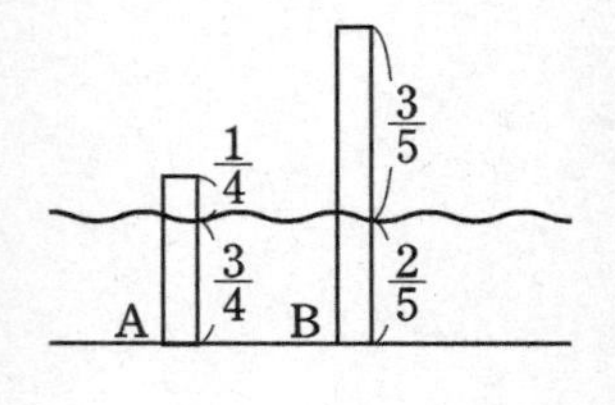

ような図をかいてみました。

解説

❶池の深さの部分はAもBも同じであることに着目してください。Aの$\frac{3}{4}$とBの$\frac{2}{5}$は等しいので$A\times\frac{3}{4}=B\times\frac{2}{5}$という式ができます。これを1と仮定して考えていきます。つまり、深さを1と考えるのです。そうすると、$A\times\frac{3}{4}=B\times\frac{2}{5}=1$となりますから、$A\times\frac{3}{4}=1\rightarrow A=1\div\frac{3}{4}=\frac{4}{3}$、$B\times\frac{2}{5}=1\rightarrow B=1\div\frac{2}{5}=\frac{5}{2}$　$A:B=\frac{4}{3}:\frac{5}{2}=8:15$となります。

❷Aが8でBが15であることを線分図で示すと次のようになります。

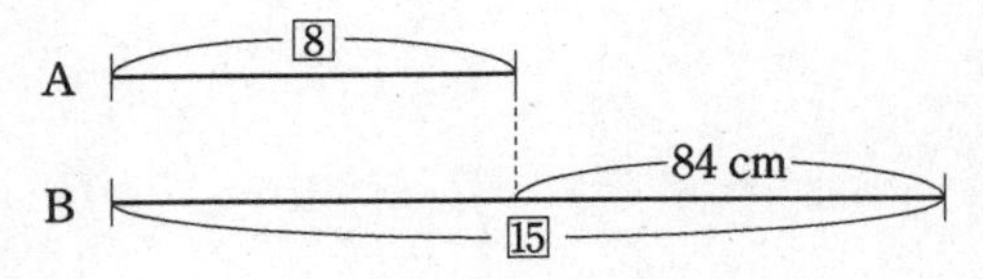

$\boxed{15}-\boxed{8}=\boxed{7}$が84 cmにあたりますから、$\boxed{7}=84$より$\boxed{1}=84\div7=12$ cm　$\boxed{15}=12\times15=180$ cmとなり、答えは1.8 mとなります。

❸$180\times\frac{2}{5}=72$より、72 cmとなります。

答え　❶8：15　❷1.8 m　❸72 cm

ここがポイント

わかりにくければ、まず図をかいてみましょう。順序だてて文章通りの図がかければ、たいがいの問題は解決の糸口を見つけることができます。

(13)比例

A　基本トレーニング

問題

水槽に、1分間8ℓの割合で水を入れました。水を入れた時間をx分、入った水の量をyℓとして、次の各問いに答えましょう。

❶次の表のあいているア〜エをうめなさい。

時間x分	1	2	イ	5	エ
水の量yℓ	8	ア	24	ウ	64

❷yをxの式で表しなさい。
❸xが10の時、yの値を求めなさい。
❹120ℓの水を入れるのに何分かかりますか。

ヒント

2つの量xとyがあり、xの値が2倍、3倍、4倍……になると、それにともなってyの値も2倍、3倍、4倍……

になる時、y は x に比例すると言います。❶は順番通りの表にはなっていないので、気をつけてください。

解説

❶1分間あたり8ℓずつの割合で水が入るのですから、2分ではその2倍の16ℓ(8×2)、3分ではその3倍の24ℓ(8×3) 水がたまることになります。時間が2倍になれば水の量も2倍になることがわかりますから、この2つの量は比例していることになります。y は x に比例していることを頭に入れて、ア、イ、ウ、エの数を求めてください。ア＝8×2＝16、イ＝24÷8＝3、ウ＝8×5＝40、エ＝64÷8＝8となります。

❷比例する式は $y=\square\times x$ という形で表せます。$y=8$ のとき $x=1$ なので、$8=\square\times 1$ より $\square=8$、y を x の式で表すと、$y=8\times x$（中学生以上は $y=8x$）になります。

❸ $y=8\times x$ の式に、$x=10$ を入れます（代入する）。
$y=8\times 10=80$ で80になります。

❹水の量が120ℓなので、$y=120$ ということになります。
$120=8\times x$　$x=15$ で15分かかります。

答え　❶ア16　イ3　ウ40　エ8
　　　❷$y=8\times x$ ($y=8x$)　❸$y=80$　❹15分

ここがポイント

2つの変化する量の関係をみつけ出せるかどうかがポイントです。大人は、中学で比例と反比例を本格的に勉強しましたから、ここはスムーズに入っていけた方も多かったのではないでしょうか。

補足説明

y は x に比例する一般式は中学になると、$y=ax$ と習います。このとき y と x は変数で a は定数となります。a を比例定数ともいいます。

B　応用トレーニング

問題

ある機械の使用料金は何分使ったかによって決まり、下のA、B、C、3つのコースから選べます。1分未満は切り上げて計算します。例えば3分を超えて4分以下の時は、使用時間は4分です。次の各問いに答えましょう。

Aコース	1分ごとに14円かかり、さらに基本料金250円を支払う。
Bコース	15時間までは何分使っても3000円で、それを超えた時は超えた時間が1分ごとに12円かかる。
Cコース	50時間までは何分使っても8500円で、それを超えた時は超えた時間が1分ごとに10円かかる。

❶使用時間が30時間の時の料金は、それぞれのコースでは何円ですか。

❷使用時間が何分から何分までの時、Bコースが一番安くなりますか。

（雙葉中改）

ヒント

各コースともに、固定料金＋変動料金です。変動する部分は、それぞれ比例していることに着目してください。

解説

❶ 30時間を分に直すと、30×60＝1800で、1800分となります。Aコースは1800×14＋250＝25450で、25450円となります。Bコースは、3000＋(1800－15×60)×12＝3000＋900×12＝13800で、13800円となります。Cコースは、50時間を超えないので8500円です。

❷ Bコースは15時間までは3000円なので、Aコースより安くなるのは、Aコースの使用料金が3000円を超えた時であることに着目してください。(3000－250)÷14＝196余り6となります。これにより、Aコースの使用料金が3000円を超えるのは197分以上ということになります。次に上限の料金を考えます。Cコースの8500円という数字に着目してください。BコースがCコースより安くなるのは、Bコースの使用料金が8500円未満の時です。(8500－3000)÷12＝458余り4　この458分はBコースで3000円を超えた時の時間です。15時間までは3000円ですから、15×60＝900　900＋458＝1358で、上限の時間は1358分であることがわかります。

答え　❶ A＝25450 円　B＝13800 円　C＝8500 円

❷ 197 分から 1358 分まで

ここがポイント

このような問題は、かなりの読解力を必要とします。また A コース、B コース、C コースの料金を同じように計算することはできません。また 1 時間や 1 分間といった単位のままでは計算できないので、単位をそろえる（条件をそろえるといってもいいかもしれません）ことが重要となってきます。条件を整理して臨機応変に対処できることがポイントです。

第3章　数の性質

数の性質は実生活とあまり直接には関係しません。しかし、物事を順序だてて考えていく練習になります。問題を読んだり見たりすることによって、ある規則を見つけ出す脳トレにはもってこいの項目です。どのような規則になっているかを見つけ出せると、未知の世界のことを推測できるかもしれません。何かを計画する時にとても役に立ちます。

物の本質を見抜く力があり、不透明な先のことをある程度予測できれば、自分の将来を設計する手助けになります。算数や数学などで論理的思考能力を養っておけば、いろいろな問題に遭遇し解決しなくてはならない時、何かと便利です。予測する能力が高まり、先を見通すことができれば、安心して生活することができます。目先のことばかり考えていたのでは、せっかく立てた目標をクリアーすることは難しくなります。

数の性質の不思議さ、さらにその神秘的な美しさに魅了された人がいるのは、何も今に始まったことではありません。

古代ギリシャで数学が発達したのは、数に魅了された哲学者のおかげであったと言われています。数の性質を知って、数の面白さがわかると、次にまた何かを考えようという意欲が出てきます。面白さを知って、未知のことを学ぼうとする気持ちになれば、生涯学習を継続することが苦にならないと思います。世界共通の数学の記号や数字を使う面白さと文字記号（漢字やひらがななど）で書いたり読んだりする面白さ、その両方を体験すると、バランスのとれた発想ができるのではないでしょうか。

(1)約数

A　基本トレーニング

問題

1個50円のみかんが102個あります。このみかんを、袋の中に同じ個数になるように入れたところ、6個余りました。次の各問いに答えましょう。

❶1袋あたりのみかんの個数が最も少ない場合で何袋ですか。
❷❶の場合1袋10%引きで売るとすると、1袋の売り値はいくらですか（消費税は考えない）。

ヒント

余りの6個に着目します。それを除いたみかんが等しく分けられたことになりますから、約数の性質を利用した問題であることがわかります（例えば12の約数は1,2,3,4,6,12です）。

解説

❶袋に分けて入れたみかんの総数は何個かをまず考えてみましょう。6個余ったので、$102-6=96$で、96個のみかんを各袋に入れたことになります。これをみな等しく分けますから、96の約数を書き出して調べてみます。$96\div1=96$、$96\div2=48$、$96\div3=32$と計算していくと、わる数と商が約数になっていることがわかります。$\{1,2,3,\ldots 32,48,96\}$というように探していくともれがありません。96の約数は$\{1,2,3,4,6,8,12,16,24,32,48,96\}$の12個です。余りが6なので、袋の数は7以上であることがわかります。$\{8,12,16,24,32,48,96\}$の中で一番少ない数は8です。

❷1袋に入っているみかんの数は、$96\div8=12$で12個となります。$12\times50\times(1-0.1)=540$で、1袋540円となります。

答え　❶8袋　❷540円

ここがポイント

余りに注目すると、みかんは何袋に分けられたかがわかります。分けるというところから、約数を思い出せるかどうかがポイントとなります。ひとつひとつ手作業で答えを探すには、ねばり強さも要求されますね。

B　応用トレーニング

問題

かきは1個100円、りんごは1個200円、みかんは1個40円です。かき55個、りんご76個、みかん111個を、それぞれ同じ数ずつ何人かに分けたところ、どのくだものも同じ数だけ余りました。次の各問いに答えましょう。

❶何人に配りましたか。
❷1人あたりのくだものの合計金額を求めなさい。

（筑波大附中改）

ヒント

55、76、111を同じ数ずつ分けると、余りが必ず出ますが、その余りが等しいことを手がかりに考えてください。共通に分けるというところから、公約数の問題であることがわかります。

解説

❶わる数の人数を□、余りを△として（…△と示す）式を作ると、次のようになります。55÷□＝A…△　76÷□＝B…△　111÷□＝C…△（A、B、Cは、それぞれの商とし

ます。）55＝□×A＋△、76＝□×B＋△、111＝□×C＋△　これらの式から、かき、りんご、みかんの差を考えてみます。（りんご）－（かき）とすると余りの△が消えることに着目してください。76－55＝（□×B＋△）－（□×A＋△）⇒21＝□×（B－A）つまり□は21の約数であることがわかります。同様に、111－76＝（□×C＋△）－（□×B＋△）⇒35＝□×（C－B）　111－55＝（□×C＋△）－（□×A＋△）⇒56＝□×（C－A）これより□は、21と35と56の公約数であることがわかります。公約数は{1,7}なので、答えは7人です。

❷ 55÷7＝7…6、76÷7＝10…6、111÷7＝15…6　より、かき7個、りんご10個、みかん15個となります。100×7＋200×10＋40×15＝3300

答え　❶7人　❷3300円

ここがポイント

ここでは余りに注目し、かき、りんご、みかんの差で余りが消えると、基本トレーニングで学んだことを利用できることに気がつくかどうかがポイントです。公約数の問題であることがわかったら、次の戦略は何かを考えていくと、答えに近づいていきます。

(2)最大公約数

A　基本トレーニング

問題

60本の鉛筆と32本のボールペンがあります。これをできるだけ多くの子どもにそれぞれ同じ数ずつ分けようとしたところ、鉛筆は6本余り、ボールペンは4本不足しました。次の各問いに答えましょう。

❶子どもは何人ですか。
❷鉛筆は1人あたり何本配れましたか。

ヒント

同じ数ずつ分けるので、やはり約数に関係する問題であることがわかります。「できるだけ多くの子どもに」と書いてあるのがヒントになります。

解説

❶鉛筆は6本余分だということですから、60－6＝54で、

ぴったり配れたことになります。一方、ボールペンは4本足りませんでした。あと4本加えると、ぴったり配れます。32＋4＝36で、ボールペンが36本あると、ある人数に配れます。54本でも36本でもぴったり配れる人数は、54と36の公約数です。そして、できるだけ多くの子どもに配ると書いてありますから、最大公約数を求めます。$2\times3\times3=18$で、最大公約数は18ですから、子どもは18人になります。

$$
\begin{array}{r|rr}
2 & 54 & 36 \\ \hline
3 & 27 & 18 \\ \hline
3 & 9 & 6 \\ \hline
 & 3 & 2
\end{array}
$$

❷ $60\div18=3\cdots6$で、1人あたり3本配れます。

答え　❶18人　❷3本

ここがポイント

今まで学習してきたことを、公式通り考えていたのでは、どんな問題も解けません。今までの経験プラス、今度はどこが違うのかをはっきりとさせることが大切です。ボールペンは4本不足なので、4本を加えることに気がつけば、あとは今までと同じ要領で解けます。この問題は文章を読む力が求められています。「できるだけ多くの〜」という文章から「最大公約数では」と推理できれば申し分ありません。

B　応用トレーニング

問題

右の図のような台形の土地があります。この土地の周りに等しい間隔でくいを打ってさくを作ろうと思います。ただし、4つの角ABCDは桜の木を植え、くいの数はできるだけ少ないものとします。木は1本5000円、くいは1本500円です。次の各問いに答えましょう。

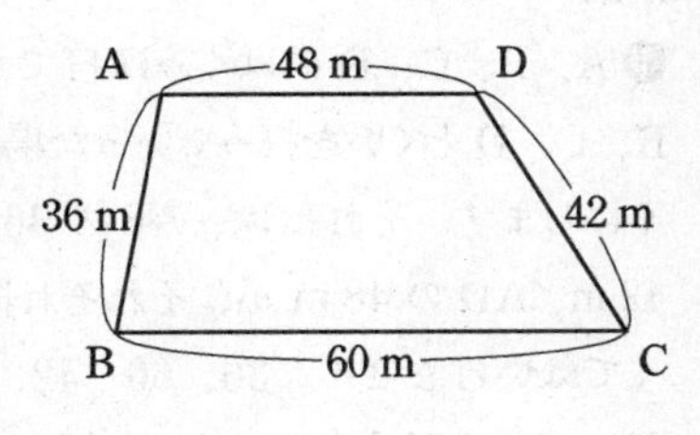

❶くいは何mごとに打てばよいですか。

❷くいは何本必要ですか。

❸桜の木とくい全部で何円になりますか。ただし消費税は8% とします。

ヒント……………………………………………………………………

　等しい間隔で植えるということは、等しく分ける（長さを分割する）ことと同じです。できるだけくいの数が少なくと書いてありますから、これはできるだけ間隔を広げると解釈してください。それがヒントになります。

解説

❶ A、B、C、Dにはくいは打てません。またAから順にB、C、Dとくいを打っていった場合、必ず等間隔になるようにします。それには、ABの36 m、BCの60 m、CDの42 m、ADの48 mが、それぞれ同じ間隔になるようにしなくてはいけません。36、60、42、48の公約数を求めますが、できるだけ少ないくいを打ちますから、最大公約数が答えになります。2×3=6で、6 mごとに打てばよいことになります。

```
2 ) 36  60  42  48
3 ) 18  30  21  24
     6  10   7   8
```

❷ ABでは、36÷6=6で、6 mの間が6つあります。

ところが、AとBは桜の木ですから、6−1=5で、くいの数は5本です。同様に、BCでは60÷6−1=9、CDでは42÷6−1=6、ADでは48÷6−1=7となります。5+9+6+7=27で、くいは27本です。

❸ 5000×4=20000…桜の木、500×27=13500…くい
(20000+13500)×1.08=36180で、36180円となります。

答え ❶ 6 m ❷ 27本 ❸ 36180円

ここがポイント

公約数の図形の問題です。植木算であることに気がつけば申し分ありません。なるべく少ない本数とは、なるべく間隔が長くなる、ということがわかると、この問題はスムーズに解けていきます。さっと文章を読んだだけでは、「できるだけ少ない〜」となっているので「最小公倍数」と勘違いする人、「最小公約数」と考える方もいるでしょう。解決の糸口を見つけるには、じっくり文章を読み理屈で考えることも大切です。

(3)倍数

A　基本トレーニング

問題

たて12 cm、横18 cmの長方形のタイルを同じ向きにすき間なく並べて、できるだけ小さい正方形を作りました。次の各問いに答えましょう。

❶この正方形の1辺の長さは何cmですか。
❷タイルは全部で何枚使いましたか。
❸この正方形の面積を求めなさい。

ヒント

たて12 cmを何倍かし、横18 cmを何倍かすると、正方形になりますから、12×□＝18×△という関係が成り立ちます。図をかくと右のようになりますから、倍数の問題であることがわかると思

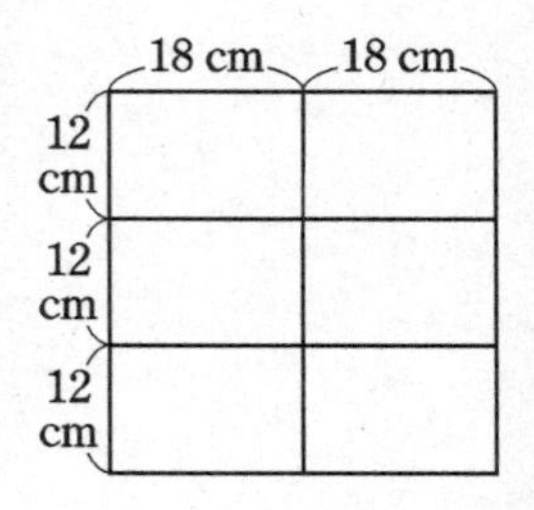

います。

解説

❶ $12\times\square=18\times\triangle$という関係が、たてと横の間にありますから、12と18の共通な倍数を求めます。また一番小さい正方形ですから、最小公倍数になります。$2\times2\times3\times3=36$で、1辺は36 cmになります。

2) 12　18
3) 6　9
2　3

❷たては、$36\div12=3$で3枚並べます。横は、$36\div18=2$で2枚並べます。$2\times3=6$で、タイルは合計6枚使ったことになります。

❸この正方形の面積は、$36\times36=1296$、または、$12\times18\times6=1296$で、1296 cm^2となります。

答え　❶ 36 cm　❷ 6枚　❸ 1296 cm^2

ここがポイント

問題を読み頭の中でイメージしたことをヒントで示したような図で正確に表す練習は、論理的思考能力を飛躍的に向上させます。「頭の中だけで考えない」のがポイントです。手を動かして紙にかく習慣をつけましょう。手を動かしているうちに解決の糸口を発見できることがよくあります。

B　応用トレーニング

問題

1から100までの整数を順にかけた数を3で1回ずつ割っていった時に、商を整数で表すことができなくなるのは何回目からですか。

（市川中改）

ヒント

1から100までの例を書くのは大変ですから、それよりも少ない1から10までで考えるようにします。$1 \times 2 \times 3 \times 4 \times 5 \times 6 \times 7 \times 8 \times 9 \times 10 = A$とすると、Aが3で割り切れる回数は、3と6と9に着目すればわかります。この場合は9は3×3なので2回と数えなくてはいけません。そのためAが3で割り切れるのは4回です。では1から100までの場合はどうなるか、考えてみましょう。

解説

$1 \times 2 \times 3 \times \cdots\cdots 99 \times 100 = B$として、このBが3で何回割れるかを考えます。3の倍数が何個あるかを求めるのが基本です。しかし、3の倍数の中には9と27と81という3の累乗になるものがあることに気をつけてください。9＝3

×3で、9は2回3で割れます。同様に27＝3×3×3で、27は3回3で割れます。81＝3×3×3×3で、81は4回3で割れます。3という素数が何個あるかに着目して、それぞれが何個あるかを調べます。3の倍数が100までにいくつあるかをまず求めます。100÷3＝33…1で33個あります。9の倍数は、100÷9＝11…1で11個、27の倍数は、100÷27＝3…19で3個、81の倍数は100÷81＝1…19で1個あります。素数3が4個ある数は1つです。素数3が3個ある数は3－1＝2で2つです（27の倍数の数から81の倍数の数をひく）。素数3が2個しかない数は11－（1＋2）＝8で、8個あります。素数3が1個しかない数は33－（1＋2＋8）＝22で22個あります。素数3が1個は22、素数3が2個は8、素数3が3個は2、素数3が4個は1なので、1×22＋2×8＋3×2＋4×1＝48で、Bの中に48個の素数3があります。

答え　49回目から

ここがポイント

物事を順番に整理していけば、複雑な問題でも解くことができます。書きながら整理する習慣をつけましょう。

(4)倍数の応用

A 基本トレーニング

問題

A町行きのバスは6分ごとに、B町行きのバスは8分ごとに、C町行きのバスは12分ごとに出発します。午前7時に、3つの方面行きのバスが同時に出発しました。次の各問いに答えましょう。

❶次に3つの方面行きのバスが同時に出発する時刻は、午前何時何分ですか。
❷午前7時から正午までの間に、3つの方面行きのバスが同時に出発するのは何回ありますか。

（日本大学豊山中改）

ヒント

6分ごと、8分ごと、12分ごとと書いてありますから、それぞれの倍数を利用して解く問題であることに、気がついてください。そして、同時に出発ですから、公倍数であることがわかります。

解説

❶ヒントにある通り、6と8と12の公倍数を求めます。何分ごとに3方面同時に出発するかを考えてください。そうすると、公倍数の中で一番小さい数字を出せばよいことがわかります。

```
2 ) 6  8  12
   ─────────
2 ) 3  4   6
   ─────────
3 ) 3  2   3
   ─────────
    1  2   1
```

$2\times2\times3\times2=24$ で、24分ごとに3方面同時に出発することになります。

答えは7時＋24分＝7時24分となります。

❷午前7時から正午までは5時間あります。これを分に直すと $5\times60=300$ で300分となります。300分の間に24分が何回あるかを求めればよいので、$300\div24$ というわり算になります。$300\div24=12\cdots12$ より、7時の1回を加えて13回あることがわかります。

答え　❶7時24分　❷13回

ここがポイント

「6分ごと」というのは6の倍数になることに気がつくかどうかがポイントです。同時なので公倍数だ、それも最初なのでこれは最小公倍数だ、ということを連想するのが重要です。❷は最後の詰めが重要なことを気付かせてくれる問題です。12と計算で出てくると、ついそのまま12回と答えてしまいそうです。1つ1つの事実を基にして、ある真実を推測する練習をしておくと、役に立つものです。

B　応用トレーニング

問題

よう子さん、あき子さん、ゆりなさんの３人は、定期的にあるデパートに買い物に行きます。よう子さんは12日ごとに、あき子さんは18日ごとに、ゆりなさんは24日ごとに行きます。７月25日の木曜日に３人はデパートで会いました。次の各問いに答えましょう。

❶次に３人が一緒に会うのは何月何日で何曜日ですか。

❷１年間で、よう子さんとあき子さんの２人だけで会うのは何回ありますか（１年を365日とする）。

❸２人だけで会う時は、いつも最上階のレストランに行って、ケーキセットをとります。ケーキセット１人分の代金の消費税は90円です。よう子さんとあき子さんのときはよう子さんが、あき子さんとゆりなさんのときはあき子さんが、よう子さんとゆりなさんのときはゆりなさんが、ケーキセット２人分を払います。１年間で、だれが一番ケーキセットの代金を払うことになりますか。またそれは何円ですか（消費税は８％とします）。

ヒント

何日ごととなっていますから、公倍数の問題であることがわかります。❸は3人一緒に会う日をどうするかを考えてください。

解説

❶12と18と24の最小公倍数を求めます。

```
2 ) 12  18  24
3 )  6   9  12
2 )  2   3   4
     1   3   2
```

2×3×2×3×2＝72となり、72日後に会います。7月は31－25＝6であと6日あります。8月は31日、9月は30日ですから、6＋31＋30＝67　72－67＝5で、10月5日が72日後になります。

1週間（7日）で同じ曜日になるので、72÷7＝10…2で曜日がわかります。木曜日より2日ずれて土曜日になります。

❷12と18の最小公倍数をまず求めます。

```
2 ) 12  18
3 )  6   9
     2   3
```

2×2×3×3＝36で、36日ごとに会うことになります。365÷36＝10…5で1年間で10回会いますが、3人一緒の時を除外します。365÷72＝5…5で3人一緒の日は年5回ありますから、2人だけの時は10－5＝5で5回です。

❸あき子さんとゆりなさん2人だけで会う回数を求めます。

18と24の最小公倍数は72なので、365÷72＝5…5となり、3人一緒の日と全部重なるので、あき子さんとゆりなさん2人だけで会う日はありません。12と24の最小公倍数は24なので365÷24＝15…5　15－5＝10となり、よう子さんとゆりなさん2人だけが会う回数は10回となります。

❷より、よう子さんとあき子さんの2人だけで会うのは5回です。よう子さんとゆりなさんの回数の10回が一番多くなります。ケーキセットは、90÷0.08＝1125　1125＋90＝1215で1人分1215円です。1215×2×10＝24300で、24300円となります。

答え ❶10月5日・土曜日　❷5回
❸ゆりなさんで24300円

ここがポイント

公倍数の知識を利用し、長い文章を要領よくまとめることができるかどうかがポイントです。長い文章の問題は読解力と論理的思考能力の2つの力を必要とします。最近の中学や高校の入試問題も、ここで示したような長文が目立つようになってきました。

(5)植木算

A　基本トレーニング

問題

次の各問いに答えましょう。

❶長さ100 mの道の両側に、はしからはしまで10 mおきに桜の木を植えました。桜の木は何本必要ですか。

❷周りの長さが360 mの池があります。この池の周りに5 mおきにくいを打ちました。1本打つのに15分かかります。全部で何時間かかりましたか。

❸A地点からB地点まで3 mおきにくいを打ったところ、両はしも含めて61本使いました。A地点からB地点まで何mありますか。

ヒント

木やくいの数と間の数の関係を理解すれば解ける問題です。次の図をよく見て考えてください。直線と池のようにつながっている場合とでは少し違います。

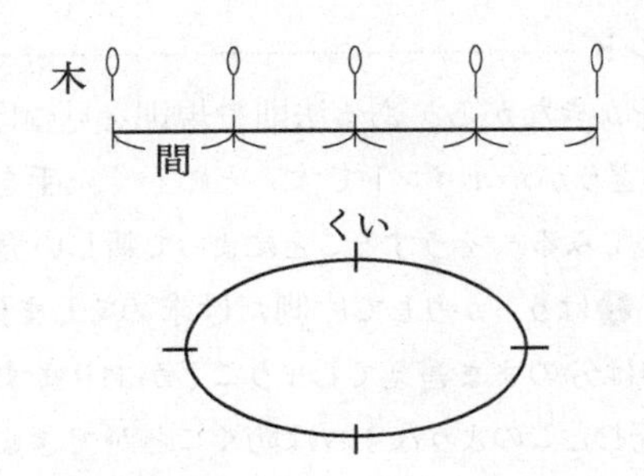

解説

❶ 100 m の中に 10 m はいくつ分あるかを考えます。100÷10＝10 で、間が 10 あることがわかります。片側だけだと、間の数より桜の木は 1 本多くなります。10＋1＝11、その 2 倍（両側なので）の 11×2＝22 が答えになります。

❷池の周りなので、間の数とくいの数は同じです。360÷5＝72 で、72 本のくいが必要です。1 本あたり 15 分かかるので、72×15＝1080 で 1080 分かかります。1080÷60＝18 で、18 時間になります。

❸直線でくいを 61 本使ったので、間は 61－1＝60 で 60 あります。1 つの間は 3 m なので 3×60＝180 で、180 m となります。

答え　❶ 22 本　❷ 18 時間　❸ 180 m

ここがポイント

図や絵をかきながら、ある法則や規則を見つけ出すことができるかどうかがポイントです。とにかく、手を動かして何かをかいてみる、そうすることによって新しい発見をするはずです。❶はうっかりして片側だけ求めてしまうことがあります。❷は分のまま答えてしまうことがあります。文章を注意深く読むとこのようなミスは防ぐことができます。頭の中だけでなく、紙に絵や図や文章をかきながら考えると、未知のことを発見できることがよくあります。

B　応用トレーニング

問題

長さ12 mの丸太を手動のノコギリで40 cmずつの長さに切り分けます。1回切るのに8分かかり、1回切るごとに3分休みます。これについて、次の各問いに答えましょう。

❶丸太を全部で何回切りますか。
❷全部で何時間何分休みますか。
❸午前10時から切り始めました。切り終わるのは何時何分ですか。

ヒント

　丸太を切る回数と丸太が何本できるかの関係が植木算となっていることに着目しましょう。また、休みの回数は切る回数と少し違うことにも気をつけてください。

解説

❶ 12 m＝1200 cm　1200÷40＝30で、丸太を30本切り取ることができます。これは間が30あると考えられますから、切り口はそれより1つ少なくなります。切る回数は30－1＝29で、29回となります。

❷切る回数は29回ですが、最後の29回目は休みません。1回切った後1回休むので、休む回数は1回少なくなり、29－1＝28で28回となります。3×28＝84で84分となりますから、1時間24分休んだことになります。
❸切る時間は、8×29＝232で232分です。それに❷で求めた休む時間84分をたすと、232＋84＝316で、316分となります。316分＝5時間16分なので、午後3時16分に終了します。

答え　❶29回　❷1時間24分
❸午後3時16分（15時16分）

ここがポイント

切った丸太の数が、植木算の間の数に当たることに気がつくことがポイントです。さらに休んだ回数に気がつくかどうかです。全部切り終わったら休憩はありませんね。常に気配りができる人、そして慎重な人は、切る回数と休む回数が違うことが、ひらめくはずです。

(6)周期算

A　基本トレーニング

問題

次の各問いに答えましょう。

❶ 1, 2, 3, 2, 1, 1, 2, 3, 2, 1, 1, 2, ……と並んだ数の列があります。最初から103番目の数までの和を求めなさい。

（広島学院中改）

❷ 1, 1, 2, 1, 2, 3, 1, 2, 3, 4, ……とあるきまりで数字が並んでいます。61番目の数字は何ですか。（日向学院中改）

ヒント

ある規則を自分で発見してください。❶も❷も、数字がでたらめに並んでいるのではありません。必ず何らかのきまりにしたがって並んでいます。

解説

❶ [1, 2, 3, 2, 1], [1, 2, 3, 2, 1], 1, 2, ……と考えます。「1 2 3

2 1」の数字がくり返し順番に並んでいることに気がつけばすぐ解けます。5つの数字のグループが103までの間にいくつ分（何組）あるかを求めます。$103 \div 5 = 20 \cdots 3$で20組あることがわかります。1組は$1+2+3+2+1=9$ですから、$9 \times 20 + (1+2+3) = 180 + 6 = 186$で、186となります。余りの3の数が1、2、3と並んでいるので、$(1+2+3)$という式になります。

❷ (1), (1,2), (1,2,3), (1,2,3,4), ……という規則で数字が並んでいます。1組目は数字が1個、2組目は数字が2個になりますから、何組目に61番目の数字が入るかを考えます。$1+2+3+4+5+6+7+8+9+10=55$になることを思い出してください。10組目で55番目の数字ですから、61番目の数字は11組目にあるはずです。11組目は（1,2,3,4,5,6,7,8,9,10,11）となりますから、61番目の数字は6ということになります。

答え ❶186　❷6

ここがポイント

与えられた条件をよく見て、どのような規則があるのかを発見できるかどうかがポイントです。勝手に想像するのではなく、理詰めで想像していくというところがミソです。

B　応用トレーニング

問題

1から99までの整数を小さい方から順に左から並べて、次のように区切りました。

| 1 | 2 3 | 4 5 6 | 7 | 8 9 | 10 11 12 | 13 |……

次の各問いに答えましょう。

❶ 31は、左から数えて何番目の区切りの中にある数ですか。

❷ 1つの区切りの中にある数の和が267になるのは左から数えて何番目の区切りですか。

（慶應義塾中等部改）

ヒント

最初の組は数字が1個、2組目は数字が2個、3組目は数字が3個、4組目は数字が1個、5組目は数字が2個、6組目は数字が3個といった並び方から、ある規則を見つけ出してください。

解説

❶ヒントから6つの数字で大きな1つのグループができ、それがくり返されていることがわかります。31÷6＝5…1で、5

グループできます。この1つのグループの中に3組ありますから、5×3＝15で、30は15組目にあります。31は16番目の区切りの中にあります。

❷各組は数字が1個、2個、3個のどれかですが、和ですから2個か3個のどちらかです。最初の数を□とすると、□＋(□＋1)＝267か□＋(□＋1)＋(□＋2)＝267のどちらかの式ですが、□は99までの数なので、後者です。□×3＋3＝267　□×3＝264　□＝264÷3＝88　求める区切りの中の数は88、89、90です。これは左から数えて何番目になるかを次に考えます。88÷6＝14…4　14グループの4つ先です。14×3＝42で、42組目＋(4つ先) になります。並び方は|○|○ ○|● ○ ○|ですから、4つ先は黒印のところです。42組＋3組で45番目となります。

答え　❶16番目の区切りの中　❷45番目の区切りの中

ここがポイント

物事を進めていくためには、先の見通しをたてておかなくてはなりません。また複雑に見えるようなものを整理して、法則を発見することができる人は、問題解決能力が高いことは間違いありません。ここの問題も自分で数字がどのように並べられているかを見ぬくことがポイントとなっています。

(7)等差数列

問題

次の整数は、ある決まりにしたがって並んでいます。

3, 7, 11, 15, 19, 23, ……

次の各問いに答えましょう。

❶ 30 番目の数は何ですか。

❷ 40 番目までの数の和を求めなさい。

❸ 243 は何番目に出てきますか。

ヒント ……………………………………………………………………

このように数が規則通りに並んでいるものを数列といいます。特に前後の差が等しい数列を等差数列といいます。この問題は差の 4 に着目してください。中学入試によく出題されますが、高校で習う等差数列の公式を使わなくてもできます。

解説

❶初めの数が3で、4つずつ順番に増えていく数列です。2番目の数＝3＋4、3番目の数＝(3＋4)＋4、4番目の数＝(3＋4＋4)＋4……となり、差の4が1つずつ増えていくことがわかります。しかもN番目の数よりもいつも4の数が1つ少ないのです。2番目なら4が1つ、3番目なら4が2つですから、30番目は4が29個であることが推測できます。3＋4×29＝119となります。

❷3, 7, 11, 15, 19, 23で考えてみます。最初の3と最後の23の和は26で、7＋19、11＋15も26です。26×3＝78となります。（最初の数＋最後の数）×（数字の数の半分）で求められることがわかります。40番目の数は3＋4×39＝159で、和は(3＋159)×40÷2＝3240となります。

❸求める数がN番目に出てくるとすると、3＋差×(N－1)という式が成り立ちます。差は4なので、3＋4×(N－1)＝243となり、これからNを求めます。4×(N－1)＝240

N－1＝240÷4　N＝61となり、答えは61番目です。

答え　❶119　❷3240　❸61番目

ここがポイント

高校の教科書には次のような公式が出ています。等差数列のN番目⇒初項＋公差×(N－1)　等差数列の和⇒(初項＋末項)×N×$\frac{1}{2}$ このような公式を忘れたとしても、自分で公式を導き出せるようにすることが、とても大切です。

補足説明

1, 3, 5, 7, 9, 11, ……は初項1、公差2の等差数列です。初項a、公差dの等差数列$\{a_n\}$の一般項は
$a_n=a+(n-1)d$となります。

$a=1$、$d=2$とすると$a_n=1+(n-1)\times 2$となり6番目は$1+(6-1)\times 2=11$となります。100番目は最初のように書き並べなくても$1+(100-1)\times 2$と計算で199と求めることができます。

(8)約束記号

A　基本トレーニング

問題

aをb回かけるとcになることを、a◎c＝bと表すことにします。例えば5◎25＝2、2◎8＝3となります。
次の各問いに答えましょう。

❶ 3◎27を求めなさい。
❷ (2◎128)＋(2◎□)＝2◎512　この□にあてはまる数を求めなさい。

ヒント

約束記号のきまりにしたがって計算していく問題で、演算記号ともいいます。3+2の「＋」は3と2をたす演算記号です。約束ごとさえ決めておけば、どんな演算も可能です。2^x、3^xといった累乗の問題であることに気がつかれた方も多いと思います。

解説

❶ 5◎25＝2 は、5×5＝25、2◎8＝3 は 2×2×2＝8 の計算と同じになることに着目してください。3◎27 は 3 を何回かかけると 27 になる数を求めなさいという問題です。大人なら $3^x=27$ としてもよいでしょう。$x=3$ という答えが出てきます。

❷順番に（　）の中から計算していくことにしましょう。じっと見ているだけでは物事は解決しません。とにかくまず手を動かすことを考えてください。2◎128 は $2^x=128$ となります。2 を何回かかけ算しましょう。2×2×2×2×2×2×2＝128 で、2◎128＝7 となります。2◎512 は、2×2×2×2×2×2×2×2×2＝512 で、2◎512＝9 となります。したがって 7＋(2◎□)＝9 となりますから、2◎□＝2 になります。□は $2^2=2\times2=4$ で、4 となります。

答え　❶3　❷4

ここがポイント

ある約束事がどういうものかをよく理解し、順番に計算していけるかどうかがポイントです。ある規則を決めて、その中で考えを発展させていく方法は、いろいろな面で応用できます。論理的に物事を考えていく出発点は、何かを基準にすることです。基準があいまいだと、その論理の展開はあやふやなものになってしまいます。

B　応用トレーニング

問題

整数Aの約数の個数を、記号（A）と表すことにします。6の約数は{1,2,3,6}なので、個数は4個です。これを（6）=4と書きます。（9）=3、（12）=6となります。これについて次の各問いに答えましょう。

❶（36）はいくつですか。
❷（（48）+（60））はいくつですか。
❸（x）=3となる200以下の整数xは何個ありますか。

ヒント

約数の数の求め方に気をつけてください。取りこぼしのないようにしましょう。❷は（48）と（60）を先に計算しその和を求め、その和の約数の個数を求めます。❸は約数が3つある数というのは、どのような数かを考えてみてください。

解説

❶36の約数は、1から順にわり算をして求めると間違いがありません。36÷1=36、36÷2=18、36÷3=12、36÷4=9、36÷6=6　これらのわる数と商が36の約数のすべて

です。{1,2,3,4,6,9,12,18,36} で9個あります。

❷ 48の約数は {1,2,3,4,6,8,12,16,24,48} で10個ありますから、(48)＝10です。60の約数は {1,2,3,4,5,6,10,12,15,20,30,60} で12個ありますから (60)＝12です。(10＋12)＝(22) となり、次は22の約数を求めます。{1,2,11,22} の4個ですから答えは4になります。

❸約数が3個ある整数は何かを考えてください。4や9がそれに当たります。4の約数は {1,2,4}、9の約数は {1,3,9} です。4＝2×2、9＝3×3と表せるのが、約数が3個の整数なのです。つまり素数同士のかけ算が1回だけの整数を求めることになります。そうすると、5×5＝25、7×7＝49、11×11＝121、13×13＝169、17×17＝289……と続いていきますが、200以下という限定があります。4、9、25、49、121、169の6個となります。

答え　❶9　❷4　❸6

ここがポイント

❷は演算記号の中にもう1つ同じ演算記号が入っています。まどわされないで約束通りに計算すれば正答が出ます。❸は約数が3つの整数は何かというのがひらめかなくてはなりません。素因数分解を思い出すと楽にできます。

第4章　平面図形

平面図形は、図形をじっくり観察するところから始めましょう。そして図形に補助線や記号などを書き入れていろいろな角度からながめることをしてください。軽々な結論をすぐ出さず時間をかけて考えることは、どんな場面でも重要なことです。頭の回転がよいことが自慢の人は要注意です。計算が速い、読む速度が速い、といった頭の中だけで処理することになれている人、即断即決ができると思い込んでいる人の中には、的がはずれてしまう人もいます。全体を見ることによって、今何が大切かがよくわかるようになります。

図形の問題は、全体を見ないとなかなか解けません。せまい範囲の記号や数字中心の数量の問題と違います。今までに得た知識を総動員して、じっくり図をながめることによって、解決の糸口をさぐり出すことができるのです。図形の何らかの知識がないと偶然ヒラメクということはあり得ません。ある問題を考えていると、違う場面の時に何かの拍子に以前学んだことを思い出し、それとの関連でヒラメクのです。どんな知識を活用するのかがわかると言ってもよいかもしれません。そして新しい発見にいたることがあります。新しい発想、新しい企画、新しいアイディアには、直感力が必要ですが、図形の学習はそのトレーニングに最適だと思われます。全体をよく見て、次に戦略を考えると、幸せをキャッチできる確率は高くなるのではないでしょうか。では、平面図形の問題を書きながら、じっくり考えましょう。

(1)平面図形の角度

A　基本トレーニング

問題

右の図の三角形ABCで、BD、CDはそれぞれ角ABC、角ACBを2等分していて、角BACの大きさは55°です。

これについて次の各問いに答えましょう。

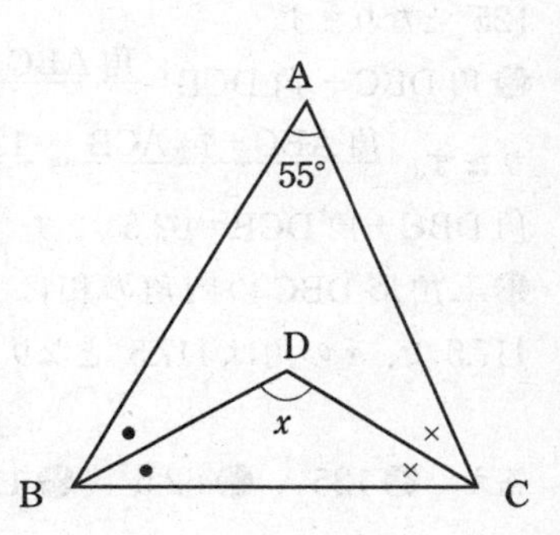

❶角ABCと角ACBの和は何度ですか。

❷角DBCと角DCBの和は何度ですか。

❸ x の角の大きさは何度ですか。

ヒント

いきなり❸の x を求めるのは少々難しいと思います。❶と❷がヒントになっていますから、よく図を見てください。そして、わかっている角度をどんどん図に書き込んでいくことです。

解説

❶角 ABC＋角 ACB＋角 BAC＝180°です。角 ABC＋角 ACB＋55°＝180°より、角 ABC＋角 ACB＝180°−55°＝125°となります。

❷角 DBC＋角 DCB＝$\frac{\text{角 ABC}+\text{角 ACB}}{2}$という関係があります。$\frac{\text{角 ABC}+\text{角 ACB}}{2}=\frac{125^\circ}{2}=62.5^\circ$となりますから、角 DBC＋角 DCB＝62.5°です。

❸三角形 DBC の内角の和は 180°なので、180−62.5＝117.5 で、xの角は 117.5°となります。

答え　❶ 125°　❷ 62.5°　❸ 117.5°

ここがポイント

次の三角形で$\beta=90^\circ+\frac{\alpha}{2}$になる公式を覚えている方も多いと思います。この公式は次の方法で導き出されます。

$$\beta=180-\frac{180-\alpha}{2}=180-\left(90-\frac{\alpha}{2}\right)=180-90+\frac{\alpha}{2}=90+\frac{\alpha}{2}$$

なぜ$\beta=90^\circ+\frac{\alpha}{2}$という公式が成り立つのかを考える習慣がついてくると、目の前に現れたピンチを、原因を分析しながら解決法を見出し、切り抜けることが可能となってきます。公式を丸暗記するのではなく、導き方を学ぶことが大切です。

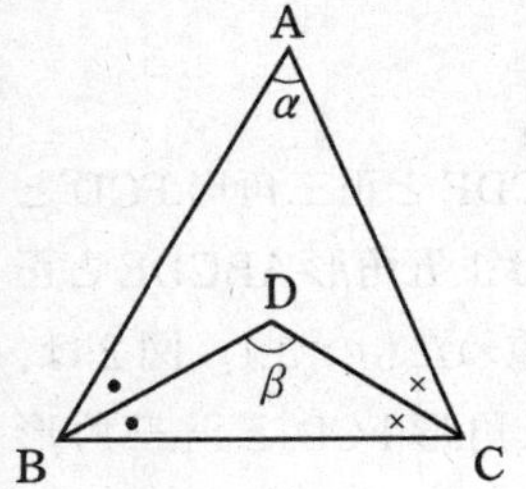

B　応用トレーニング

問題

1辺の長さが等しい正五角形ABCDEと正三角形FCDと正三角形GDCがあります。図1は正五角形ABCDEと正三角形FCDをそれぞれ1枚ずつ重ねたものです。図2は、正五角形ABCDEと2つの正三角形FCDと正三角形GDCを図のように置いたものです。次の各問いに答えましょう。

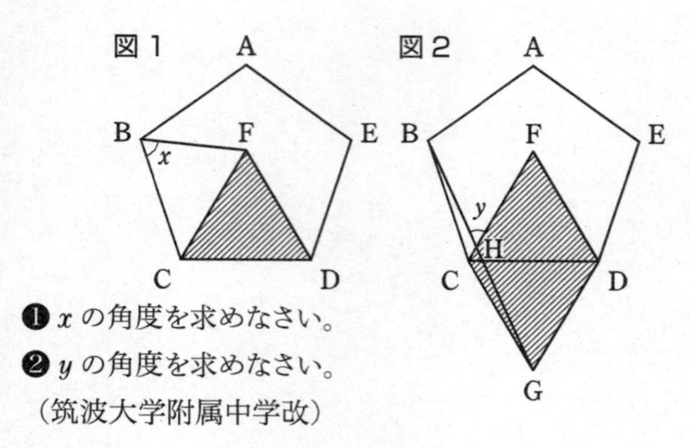

❶ x の角度を求めなさい。

❷ y の角度を求めなさい。

（筑波大学附属中学改）

ヒント ……………………………………………………………

角度は図形の中に1つも書かれていません。正五角形と正三角形の内角が何度かを考えれば糸口は見つかります。

また、図1にしても図2にしても、三角形が多くかかれていることに着目してください。三角形の性質を使うと解けそうです。

解説

❶正五角形の内角をまず求めます。五角形の内角の和は、180×(5−2)＝540で540°です。1つの内角は540÷5＝108で108°となりますから、角BCD＝108°です。角FCD＝60°（正三角形の内角）なので、角BCF＝108−60＝48°です。次に三角形CFBに着目してください。BC＝FCなので二等辺三角形です。底角CBFと底角CFBは等しい性質を利用すると、(180−48)÷2＝132÷2＝66で、xは66°となります。

❷三角形CGBに着目します。角BCG＝108＋60＝168°で、CB＝CGです。底角CBG＝底角CGBですから、(180−168)÷2＝6°で、角CBGは6°であることがわかります。
次に三角形BCHに着目してください。角BCH＝角BCF＝108−60＝48°です。180−(6＋48)＝126で、角BHC＝126°です。y＝180−126＝54°となります。なお角BHFは三角形BCHの外角を利用すると、6＋48＝54で直接54°を求められます。

答え ❶ 66°　❷ 54°

ここがポイント

正五角形と正三角形で、2つの図形の1辺の長さが等しいというのが、この問題を解くキーワードです。図形の問題は、わかっている条件は必ず図にかき込んでください。手を動かしながら図形をじっと見つめるのです。そして正五角形や正三角形や二等辺三角形の性質を思い出して攻略していくと、解法の糸口が発見できます。

補足説明

正五角形の内角の和は、次のようにして求めます。三角形が3つあるので、$180\times3=540$、内角の和は540°。これから正 n 角形の内角は次の公式で求められます。

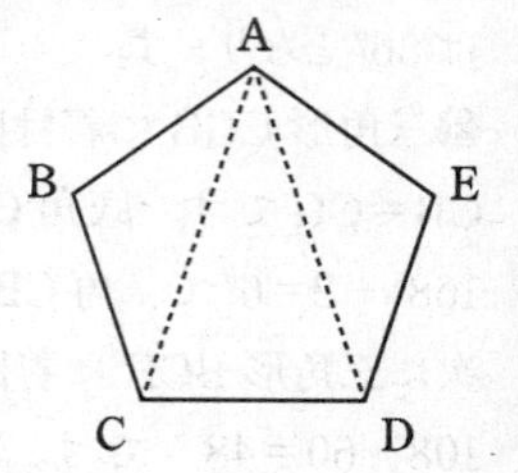

$$\frac{180\times(n-2)}{n}$$

(2) 相似な図形

A　基本トレーニング

問題

三角形ABCは、AC＝BCの直角二等辺三角形です。辺ABは15 cmで、その上にAD＝BE＝3 cmとなるような点DとEを図のようにとります。また四角形DEFGは長方形です。HCはCから辺GFに下ろした垂線です。次の各問いに答えましょう。

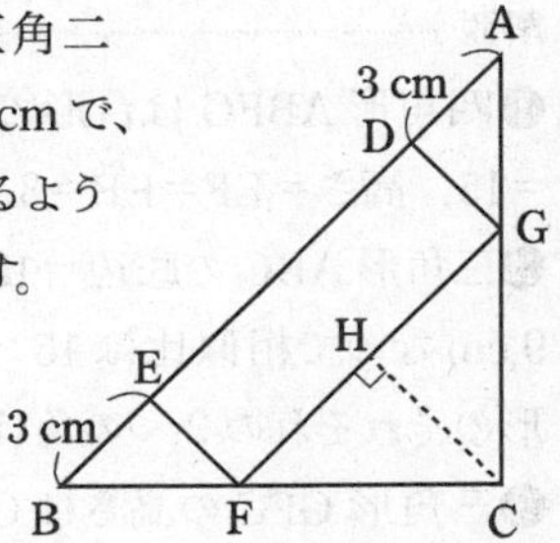

A
3 cm
D
G
H
E
3 cm
B　F　C

❶四角形ABFGの面積を求めなさい。
❷三角形ABCと三角形GFCの相似比を求めなさい。
❸三角形GFCの面積を求めなさい。
❹三角形ABCの面積を求めなさい。

ヒント

❶四角形ABFGは台形です。

❷三角形ABCと三角形GFCの底辺で考えましょう。

❸ CHは三角形GFCの高さになりますから、この長さを求めることを考えてください。

❹面積の相似比はどうなるかを考えましょう。

解説

❶四角形ABFGは台形で、上底＝15－(3＋3)＝9、下底＝15、高さ＝EF＝EB＝3、(9＋15)×3÷2＝36で36 cm^2。

❷三角形ABCの底辺＝15 cm、三角形GFCの底辺FG＝9 cmなので相似比は15：9＝5：3となります（2つの三角形のそれぞれの3つの角は等しい）。

❸三角形GFCの高さはCHです。三角形GFCも直角二等辺三角形なので、三角形HFCも直角二等辺三角形になりますから、$CH＝HF＝\frac{9}{2}$ となります。三角形GFCの面積$＝9\times\frac{9}{2}\times\frac{1}{2}＝\frac{81}{4}$ になります。

❹三角形ABCと三角形GFCの相似比は5：3ですから、面積比はその2乗の比、$5^2:3^2$ になります。三角形ABCの面積をxとすると、$25:9=x:\frac{81}{4}$　$9\times x=\frac{81}{4}\times 25$

$x=\frac{81\times 25}{4}\times\frac{1}{9}=\frac{225}{4}$ となります。

答え　❶ $36\ \mathrm{cm}^2$　❷ 5：3　❸ $\frac{81}{4}\left(20\frac{1}{4}\right)\ \mathrm{cm}^2$

❹ $\frac{225}{4}\left(56\frac{1}{4}\right)\ \mathrm{cm}^2$

ここがポイント

三角形の相似の条件を思い出せるかどうかがポイントです。2つの角が等しい、1つの角とそのとなりあう辺の比が等しい、3つの辺の比が等しい、という基本を押さえておくことが大切です。そうすれば二等辺三角形の頂点から底辺に下ろした垂線は、底辺を二等分することもすぐわかります。

補足説明

直角二等辺三角形ABCの頂点Aから底辺BCに垂線を下ろしHとします。

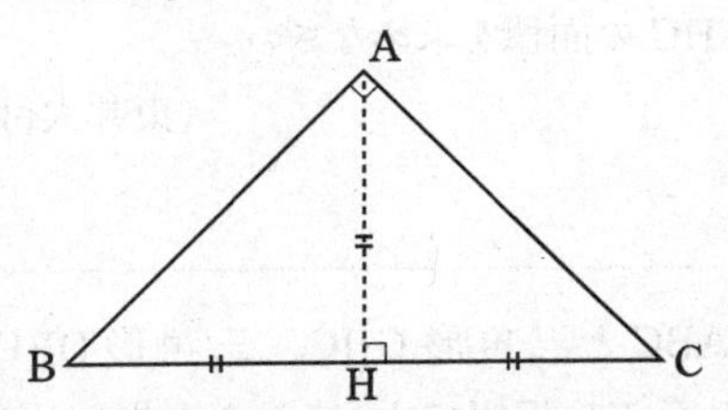

この時AH＝BH＝CHなので△ABH ≡ △ACHとなります。この2つの三角形も直角二等辺三角形になります。

B　応用トレーニング

問題

次の図で、三角形 ABC と三角形 DEF は直角三角形です。

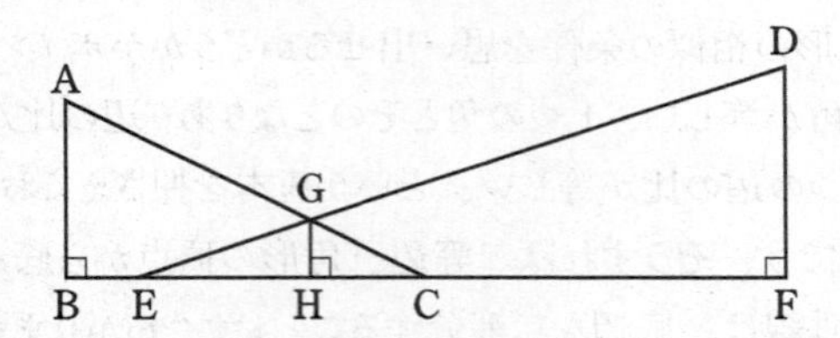

AB = 5 cm、BC = 10 cm、BE = 2 cm で、EF：DF = 3：1 です。次の各問いに答えましょう。

❶ GH の長さは何 cm ですか。
❷三角形 GHC の面積を求めなさい。

（東邦大付東邦中改）

ヒント

　三角形 ABC と三角形 GHC、三角形 DEF と三角形 GEH は、それぞれ相似です。それらの相似比を求め、その関係がどうなっているかを調べれば、解決の糸口は見つかります。同じ長さ、同じ角度、比など、わかっていることは何でも図の中にかき込むことが大切です。

解説

❶三角形ABCと三角形GHCは相似ですから、AB：BC＝GH：HC＝5：10＝1：2となります。また、三角形DEFと三角形GEHも相似ですから、EF：DF＝EH：GH＝3：1となります。ここで連比を思い出してください。共通なGHに着目します。

EH	:	GH	:	HC
3	:	1		
		1	:	2
3	:	1	:	2

左の計算から、EH：GH：HC＝3：1：2となりますから、EH：HC＝3：2ということがわかります。また、EC＝10－2＝8 cmです。3：2が8 cmになっていますから、$8 \div (3+2) = 1.6$で、1にあたるのが1.6 cmであることがわかります。GHは1でしたから、1.6 cmとなります。

❷HCの長さを求めます。GHが1だとHCは2なので、$1.6 \times 2 = 3.2$で、3.2 cmです。$3.2 \times 1.6 \div 2 = 2.56$で、三角形GHCの面積は2.56 cm^2になります。

答え　❶1.6 cm　❷2.56 cm^2

ここがポイント

AB∥GH∥DFであることに目をつけます。三角形の相似の問題であることがわかったら、EHとGHとHCの関係を比で表せるのではないかと、推測します。推測する能力を身につけておくと、人生の先のことをある程度予想することができます。

(3) 平面図形と比

A　基本トレーニング

問題

右の四角形ABCDは長方形です。これについて、次の各問いに答えましょう。

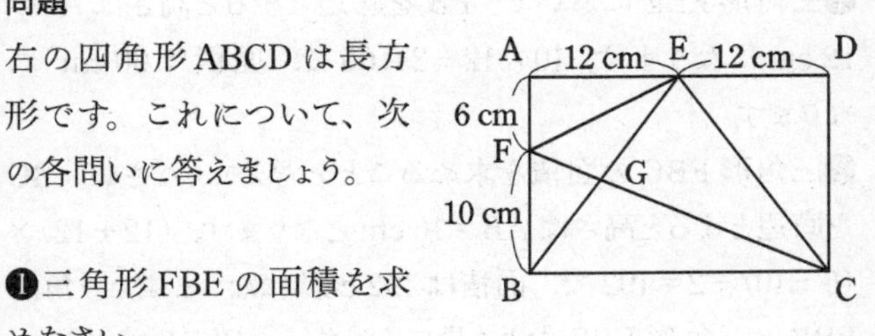

❶三角形FBEの面積を求めなさい。

❷ FGとGCの比を求めなさい。

❸三角形FGEの面積を求めなさい。

ヒント ……………………………………………………………………

次の四角形ABCDは、底辺ACが共通な三角形ABCと三角形DACとみなすことができます。

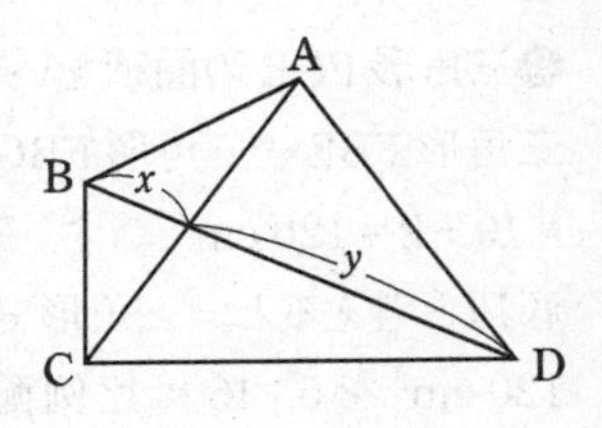

この場合三角形ABCと三角

形DACの面積比は、xとyの比と同じになります(2つの三角形の高さの比とxとyの比は同じです)。三角形ABC：三角形DAC＝$x:y$という関係を利用して解いてみましょう。

解説

❶三角形FBEにおいて、FBを底辺とすると高さはAE＝12 cmになります。10×12÷2＝60で、面積は60 cm^{2}になります。

❷三角形EBCの面積を求めることを考えてください。BCを底辺とすると高さはAB＝16 cmとなります。(12＋12)×(6＋10)÷2＝192で、面積は192 cm^{2}になります。三角形FBEと三角形EBCをよく見てください。辺BEが共通な底辺と考えることができます。FGとGCの長さの比は、先のヒントにより三角形FBEと三角形EBCの面積の比と同じでなくてはなりません。FG：GC＝60：192＝5：16となります。

❸三角形FGEの面積をいきなり求めることはできません。三角形FBE－三角形FBGで考えます。三角形FBC＝24×10÷2＝120 cm^{2}です。FG：GC＝5：16なので、FCを底辺と考えると、三角形FBGと三角形GBCの面積は、120 cm^{2}を5：16に比例配分することになります。120×

$\frac{5}{5+16}=\frac{600}{21}=\frac{200}{7}$ で、三角形FBGの面積は $\frac{200}{7}$ cm^2 となります。$60-\frac{200}{7}=\frac{220}{7}=$ で、三角形FGEの面積は $\frac{220}{7}\left(31\frac{3}{7}\right)$ cm^2 となります。

答え ❶ 60 cm^2 ❷ 5：16 ❸ $\frac{220}{7}\left(31\frac{3}{7}\right)$ cm^2

ここがポイント

三角形の面積の求め方と比の性質をよく知っていると、このような複雑な問題も楽に解けます。まず基本に戻る、それがポイントです。

B　応用トレーニング

問題

右の図のような直角三角形ABCがあり、点Dは辺AB上の、点E、Fは辺BC上の、点Gは辺CA上の点です。

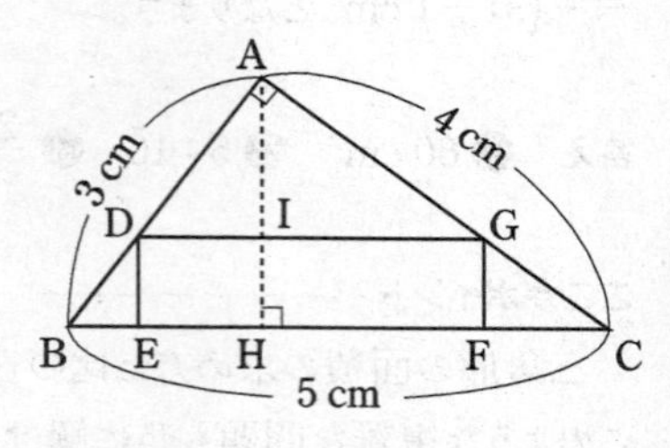

△ADGと長方形DEFGの面積が同じ時、次の各問いに答えましょう。

❶ DEの長さは何cmですか。
❷三角形ADGの面積を求めなさい。
❸辺EFの長さを求めなさい。

（明治大学付属明治中改）

ヒント

ヒントとして頂点Aから辺BCに垂線を下ろしておきました。AIとIHの関係がどうなっているかを考えてください。三角形ADGと長方形DEFGの面積が等しいというのが、ヒントになります。

解説

❶三角形ADGの面積＝長方形DEFGですから、$DG\times AI\times\frac{1}{2}=DG\times IH$ より $\frac{1}{2}\times AI=IH$、$AI=2IH$ から $AI:IH=2:1$ となります。また三角形ABCの面積は $3\times4\div2=6$ で $6\,cm^2$ です。BCを底辺とすると高さAHは、$BC\times AH\div2=6$　$5\times AH\div2=6$　$AH=\frac{12}{5}$ で、$\frac{12}{5}$ cmになります。これを2:1に比例配分します。$\frac{12}{5}\times\frac{1}{1+2}=\frac{4}{5}$ で、$\frac{4}{5}$ (0.8) cmとなります。

❷三角形ABC：三角形ADG＝$(2+1):2=3:2$　また面積比は、$3\times3:2\times2=9:4$ となります。三角形ADGの面積を□とすると、$6\,cm^2:\square\,cm^2=9:4$　$\square\times9=24$　$\square=\frac{8}{3}\,cm^2$ となります。

❸長方形DEFGの面積＝DE×EFなので、$\frac{8}{3}=\frac{4}{5}\times EF$

$EF=\frac{8}{3}\div\frac{4}{5}=\frac{8}{3}\times\frac{5}{4}=\frac{10}{3}$ で、$\frac{10}{3}$ cmとなります。

答え　❶ $\frac{4}{5}$ (0.8) cm　❷ $\frac{8}{3}\,cm^2$　❸ $\frac{10}{3}$ cm

ここがポイント

三角形ABCの面積は、$3\times4\div2=6$ とするとだれでもすぐ求められます。しかしAHの長さを求めることができる人はぐっと少なくなるに違いありません。今度はBCを底辺とし、AHを高さと考えることができるかどうかがポイントです。同じ物を他から光を当てて考えると、解けない難問も解けることがあるのです。逆転の発想と言ってよいかもしれません。

(4)三角形の面積

A　基本トレーニング

問題

右の図形ABCDは長方形で、三角形DFEの面積は60 cm^2です。これについて次の各問いに答えましょう。

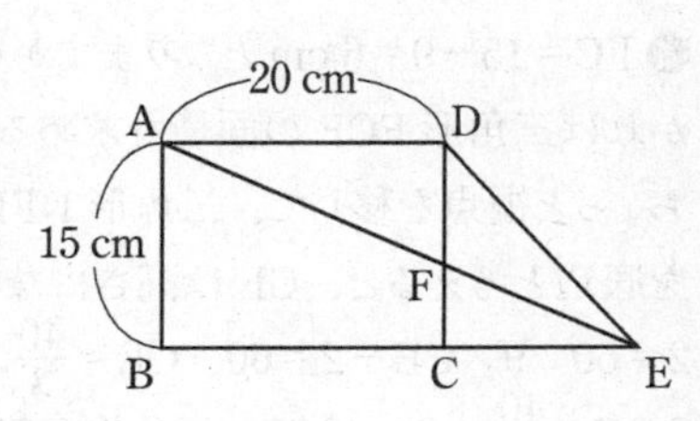

❶三角形AFDの面積を求めなさい。

❷ DFの長さは何cmですか。

❸三角形FCEの面積を求めなさい。

ヒント

三角形AEDの底辺をAD、高さをDCと考えると面積がわかります。同様に、三角形のどこを底辺に、どこを高さにするかを考えることによって、解決の糸口を発見することができます。

解説

❶三角形AEDの面積－三角形DFEの面積＝三角形AFDの面積となります。三角形AEDの面積＝$20\times15\div2=150$ cm^2、$150-60=90$で、三角形AFDの面積は90 cm^{2}となります。

❷三角形AFDにおいて、$20\times\mathrm{FD}\div2=90$で$\mathrm{DF}=9$ cmとなります。

❸ $\mathrm{FC}=15-9=6$ cmとなりますから、あとCEの長さがわかれば三角形FCEの面積を求めることができます。ここでちょっと視点を移して、三角形DFEに着目しましょう。DFを底辺と考えると、CEは高さになりますから、$\mathrm{DF}\times\mathrm{CE}\div2=60$　$9\times\mathrm{CE}\div2=60$　$\mathrm{CE}=\dfrac{40}{3}$となります。$\mathrm{FC}\times\mathrm{CE}\div2=6\times\dfrac{40}{3}\div2=40$で、三角形FCEの面積は40 cm^{2}となります。

答え　❶ 90 cm^2　❷ 9 cm　❸ 40 cm^2

ここがポイント

いつも同じ発想では、このような問題は解けません。底辺や高さがどこになるかをいろいろ考えることによって、新しい発見ができるようになるものです。古い固定観念は打破しなくてはなりません。いつも同じところが三角形の底辺や高さではないのです。固定観念にとらわれない社会になるとイノベーションが期待できるのではないでしょうか。

B　応用トレーニング

問題

右の図のような直角二等辺三角形ABCがあります。点PはBP：PC＝2：3となる点です。PHは点Pから辺ACに下ろした垂線です。また四角形ABPQ（㋐）と三角形PCQ（㋑）の面積の比は3：2です。次の各問いに答えましょう。

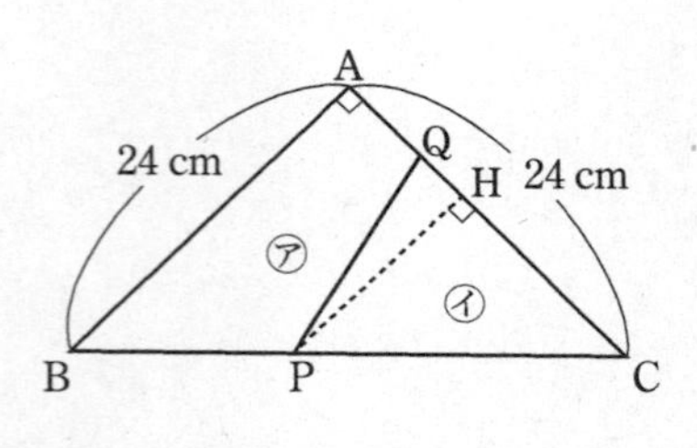

❶㋑の面積を求めなさい。

❷ AQの長さを求めなさい。

❸ PHの長さを求めなさい。

ヒント

三角形の問題であると推測して、三角形を作るための補助線をどうやって引くかを考えてください。三角形の場合、高さが等しければ底辺の比で面積比がわかります。

解説

❶三角形ABCの面積は、$24 \times 24 \div 2 = 288$ で、$288\ cm^2$ になります。それを㋐：㋑＝3：2で分けると、㋑の面積を求めることができます。$288 \times \frac{2}{3+2} = 115\frac{1}{5}$ で、面積は $115\frac{1}{5}$ (115.2) cm^2 となります。

❷AとPを結んで補助線を引いてください。三角形ABPの面積：三角形APCの面積＝2：3ですから、三角形APCの面積は、$288 \times \frac{3}{3+2} = 172.8\ cm^2$ になります。三角形APQの面積＝$172.8 - 115.2 = 57.6\ cm^2$ ですから、三角形APQの面積：㋑の面積＝57.6：115.2＝1：2となります。三角形APCの底辺をACとすると、$24 \times \frac{1}{1+2} = 8$ で、AQ＝8 cmとなります。［別解］三角形ABPの面積：三角形APCの面積＝②：③　三角形APQの面積をⓐとすると、㋐：㋑＝(②＋ⓐ)：(③－ⓐ)＝3：2　内項の積＝外項の積より、3×(③－ⓐ)＝2×(②＋ⓐ)　これを整理するとⓐ＝①　三角形APQの面積：三角形QPCの面積＝1：2、$AQ = 24 \times \frac{1}{1+2} = 8$ で8 cm

❸ $PH \times QC \div 2 = 115\frac{1}{5}$　$PH \times (24-8) \div 2 = 115\frac{1}{5}$

$PH = \frac{72}{5} = 14\frac{2}{5} = 14.4$

答え　❶ $115\frac{1}{5}$ (115.2) cm^2　❷ 8 cm　❸ $14\frac{2}{5}$ (14.4) cm

ここがポイント

補助線 AP を引くのは何のためかを考えることが大切です。四角形 ABPQ を三角形に分ければ、三角形の性質を利用できるのではないか、そういう予測をして解決方法を探していくのがポイントです。図形の問題を考える時、補助線は大変有効な手段となります。

(5) 四角形の面積

A　基本トレーニング

問題

面積が 120 cm^2 の平行四辺形 ABCD があります。点 E は辺 AB の中点、点 F、点 G は辺 BC を 3 等分した点です。またHはEFの、IはEGのそれぞれ中点となっています。次の各問いに答えましょう。

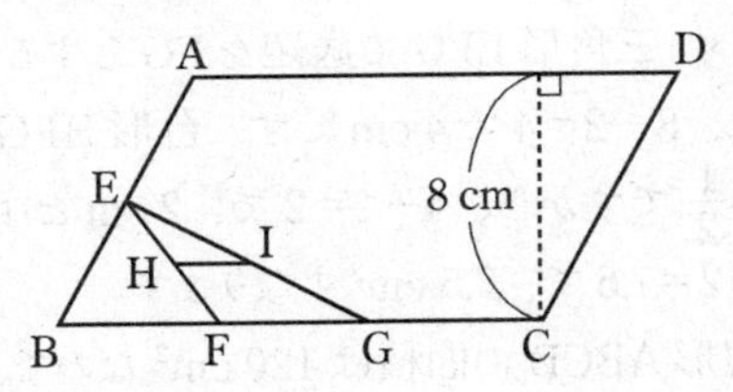

❶ FG の長さを求めなさい。

❷ HI の長さを求めなさい。

❸四角形 HFGI の面積を求めなさい。

❹四角形 HFGI の面積は、平行四辺形 ABCD の面積の何分のいくつですか。

ヒント

四角形HFGIは、平行四辺形ABCDと関係なさそうに見えます。しかし、BCの長さがわかればFG、HIがわかります。HI、FGそして四角形HFGIの高さを求めましょう。

解説

❶BCの長さを求めます。平行四辺形ABCDの高さは8 cm。$BC \times 8 = 120$　$BC = 120 \div 8 = 15$　$FG = 15 \div 3 = 5$。

❷三角形EFGと三角形EHIは相似なので、HIはFGの$\frac{1}{2}$になります。$HI = 5 \div 2 = 2.5$ cmとなります。

❸四角形HFGIは台形なので、この高さを求めることを考えてください。三角形EFGで底辺をFGとするとこの三角形の高さは、$8 \div 2 = 4$で4 cmです。台形HFGIの高さはさらにその$\frac{1}{2}$ですから、$4 \div 2 = 2$で、2 cmとなります。$(5 + 2.5) \times 2 \div 2 = 7.5$で、7.5 cm^2となります。

❹平行四辺形ABCDの面積は120 cm^2なので、$7.5 \div 120 = \frac{1}{16}$で、答えは$\frac{1}{16}$になります。

別解

実際の面積がわからなくても割合だけで❹は答えを求めることができます。EからADに平行線を引いて辺DCと交わる点をJとすると、平行四辺形EBCJは平行四辺形

ABCDの$\frac{1}{2}$です。ECを結ぶと、三角形EBCは$\frac{1}{2}$の$\frac{1}{2}$で$\frac{1}{4}$です。三角形EFGは$\frac{1}{4}$の$\frac{1}{3}$で$\frac{1}{12}$です。三角形EHIは三角形EFGと相似で$\frac{1}{4}$ですから、$\frac{1}{12}\times\frac{1}{4}=\frac{1}{48}$、$\frac{1}{12}-\frac{1}{48}=\frac{3}{48}=\frac{1}{16}$で、$\frac{1}{16}$になります。

答え ❶ 5 cm　❷ 2.5$\left(2\frac{1}{2}\right)$ cm　❸ 7.5$\left(7\frac{1}{2}\right)$ cm^2　❹ $\frac{1}{16}$

ここがポイント ……………………………………………………

平行四辺形の問題のように見えますが、三角形の面積比で考えましょう。補助線でどのような三角形を作るかがポイントです。洞察力が要求されます。

補足説明 ……………………………………………………………

別解の図は次のようになります。

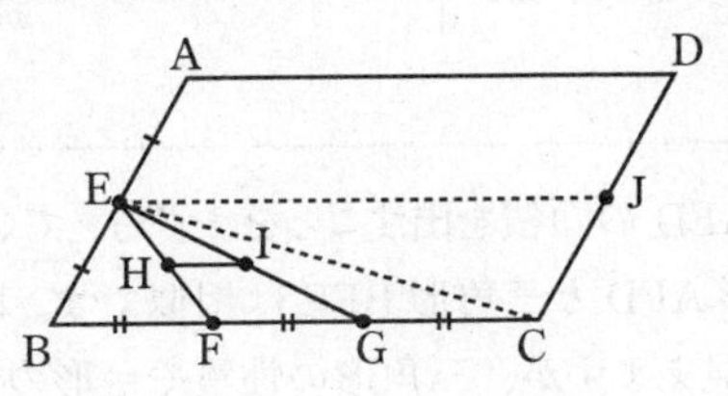

B　応用トレーニング

問題

右のような長方形ABCDがあります。点Bを左に延長したところに点Eをとり、点Dと点Eを結んだ時に辺ABと交わる点を点Fとします。また、三角形AEFの面積は144 cm²です。次の各問いに答えましょう。

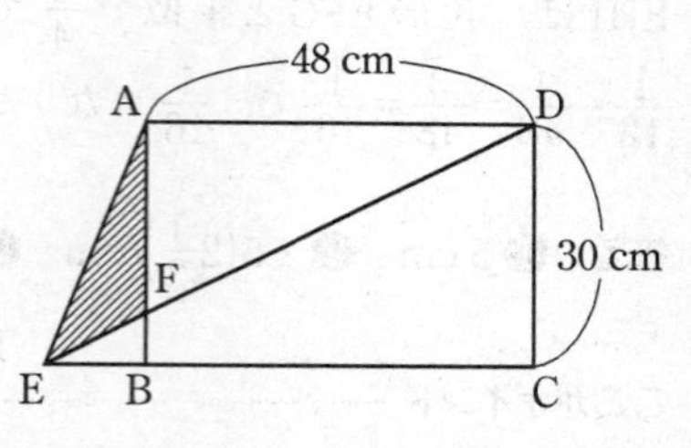

❶三角形AFDと台形FBCDの面積の比を求めなさい。
❷ FBの長さを求めなさい。
❸ EBの長さを求めなさい。

ヒント ……………………………………………………………

三角形AEDの面積を出すことをまず考えてください。また、三角形AFDと三角形BFEは相似です。四角形の問題のように見えますが、三角形の性質や台形の性質を利用した問題であることに気がつけば、楽に解けてしまいます。

解説

❶三角形AEDでADを底辺と考えると高さはABになります。三角形AEDの面積$=48\times30\div2=720$ cm^2　三角形AFDの面積は$720-144=576$で、576 cm^{2}になります。台形FBCDの面積$=48\times30-576=864$ cm^2　$576:864=2:3$となります。

❷ $(FB+30)\times48\div2=864$　$(FB+30)\times24=864$

$FB+30=36$　$FB=36-30=6$で$FB=6$ cmとなります。

❸三角形AFDと三角形BFEは相似で、その比は

$AF:FB=(30-6):6=4:1$となります。$AD:EB=4:1$となりますが、ADは48 cmですから、$48:EB=4:1$です。$EB=48\div4=12$で12 cmとなります。

答え　❶2：3　❷6 cm　❸12 cm

ここがポイント

長方形ABCDの面積はすぐ求められますから、三角形AFDの面積を何とかして求めることを考えます。その際与えられた条件を必ず使うということがポイントとなります。与えられた条件をフルに活用すれば、何か目標を持って実行した場合、成功する確率がとても高くなります。

(6)円の面積

A　基本トレーニング

問題

右の図のように、1辺10 cmの正方形の内側で接している円と、その円周上に頂点がある正方形があります。

次の各問いに答えましょう。

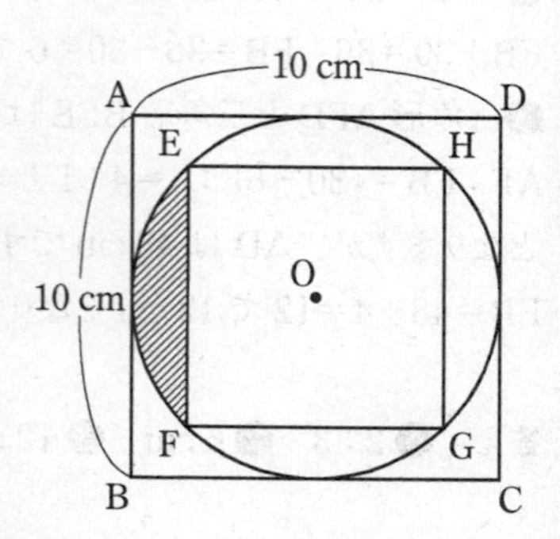

❶内側の正方形EFGHの面積を求めなさい。

❷斜線部分の面積を求めなさい（ただし円周率は3.14とする）。

ヒント

補助線を引くことを考えてください。円の面積の問題ですから、直径や半径に関係があるのではないかという予想をしてください。中心Oから、どこの点を結んで補助線を引けばよいのかを考えると、簡単に解けてしまいます。

解説……………………………………………………………………

❶点Oと点B、点Oと点Cを結んで考えます。辺OBは内側の正方形の点Fを通り、辺OCは点Gを通ります。OFとOGをよく見てください。これは内側の円の半径と同じ長さですから、OF＝OG＝5 cmとなります。三角形OFGは直角二等辺三角形ですから、その面積は$5\times5\div2=\frac{25}{2}$です。これが4つですから$\frac{25}{2}\times4=50$で、正方形EFGHの面積は50 cm^2になります。

別解

正方形EFGHの対角線EGとFHは、それぞれ10 cmです。$10\times10\div2=50$で50 cm^2となります（ひし形は対角線×対角線÷2で面積を求めることができます）。

❷中心Oの円の面積は、$5\times5\times3.14=78.5$　$78.5-50=28.5$　$28.5\div4=7.125$で、斜線部分の面積は7.125 cm^2になることがわかります。

答え　❶50 cm^2　❷7.125 $cm^2$$\left(7\frac{1}{8}\ cm^2\right)$

ここがポイント ……………………………………………………………

図をじっくりと見て、OF の長さは中心 O の円の半径だということを見抜けるかどうかがポイントです。ぼんやり見ているだけでは気がつきません。暗記だけでは解けない問題で、かなり気合を入れて眺める必要があります。

（補助線 OB と OC を引いた図）

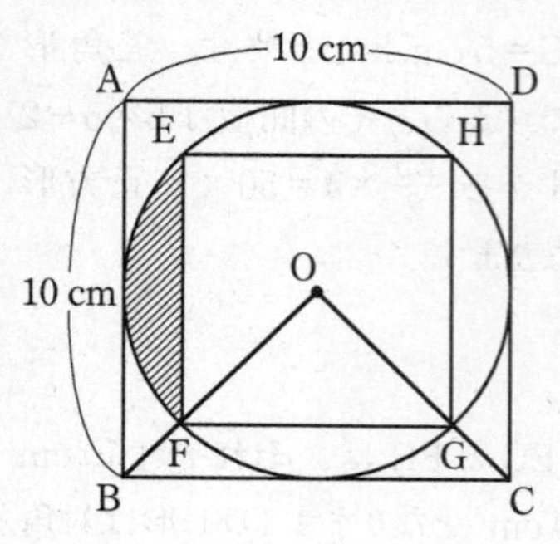

B　応用トレーニング

問題

大きい円、正方形、小さい円の順に重ねてあるのが右の図です。AB = 10 cm で、円周率は 3.14 とします。次の各問いに答えましょう。

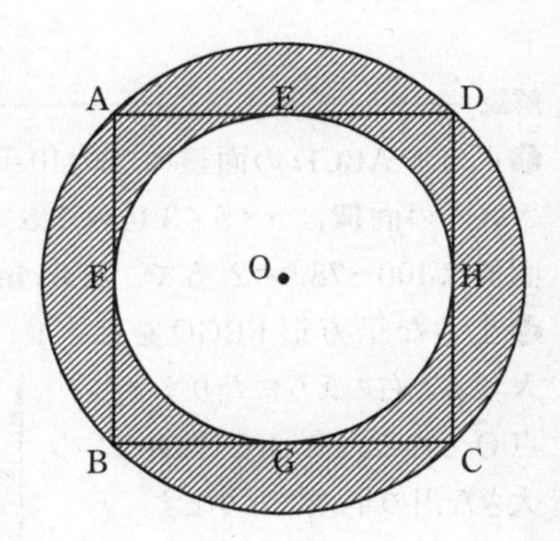

❶正方形 ABCD とその内側にある小さな円とで囲まれた面積を求めなさい。

❷小さな円と大きな円で囲まれた斜線部分の面積を求めなさい。

（桐蔭学園中学改）

ヒント

❶は基本トレーニングと同じ要領でできます。

❷はかなりの難問です。小さな円の面積はすぐ出せますが、大きな円の面積はなかなか求められません。BO の長さが半径であることがわかっていても、$\sqrt{\ }$（ルート）がつい

てしまいますから、アウトです（算数では平方根は習いません）。BOの半径で考えるのですが、ある工夫をすると解けるようになります。

解説

❶正方形ABCDの面積は$10\times10=100$で、100 cm^2。小さい円の面積は$5\times5\times3.14=78.5$で、78.5 cm^2。求める面積は$100-78.5=21.5$で、21.5 cm^{2}となります。

❷小さな正方形FBGOを拡大すると右のようになります。点Oと点Bを結ぶと辺OBは大きな円の半径になります。

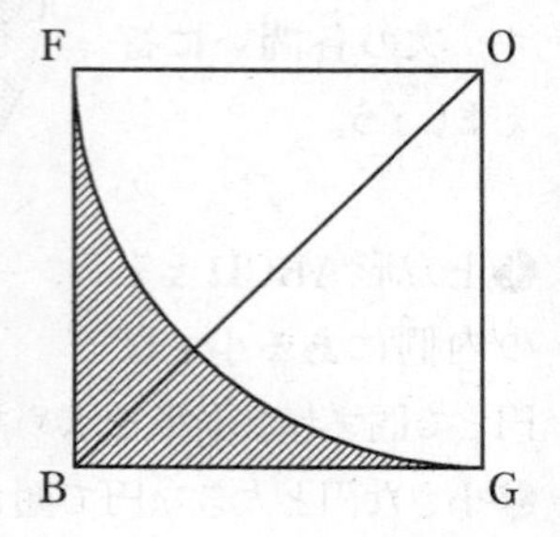

BG＝5 cmですから正方形FBGOの面積は、$5\times5=25$で25 cm^{2}になります。ここでひし形の対角線の性質を思い出してください。$OB\times FG\div2=25$となります。OB＝FGですから、$OB\times OB=50$となります。しかし$OB=\sqrt{50}$とするのではなく、別の発想が要求されます。大きな円の面積は、$OB\times OB\times3.14$という式になっています。$OB\times OB=50$でしたから、それをそのまま代入すると、50×3.14という式ができます。これを計算すると、大きな円の面積は157となります。$157-78.5=$

78.5 で、78.5 cm^2 となります。

答え ❶ 21.5 cm^2 ❷ 78.5 cm^2

ここがポイント ……………………………………………………

平方根が使えません。平方根にこだわっていると、OB × OB をそのまま利用することに気がつきません。平方根をよく知っている大人の方が、OB の長さを直接求めようとしてしまいます。固定観念にとらわれず、新しい発想が求められる問題です。

(7) おうぎ形

A　基本トレーニング

問題

右の図の三角形ABCは直角三角形です。それぞれの頂点A、B、Cから半径の等しい弧をかいたものです。次の各問いに答えましょう。

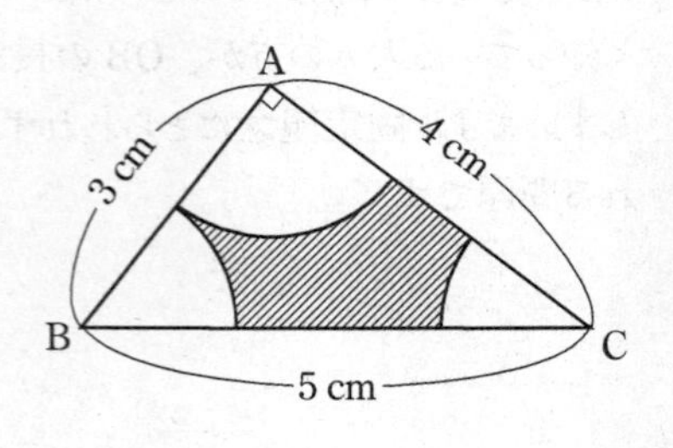

❶弧の半径は何cmですか。
❷斜線部分の周りの長さは何cmですか。
❸斜線部分の面積を求めましょう。

ヒント ……………………………………………………

三角形の内角の和は180°であることを利用して、円周と円の面積を求めることを考えてみましょう。

解説

❶ AB＝3 cm ですから、弧の半径はその半分の 3÷2＝1.5 で 1.5 cm になります。

❷ 3 つのおうぎ形をバラバラに考えていたのでは、斜線部分の周りの長さを求めることはできません。弧の長さを合わせると、中心角が 180° の、おうぎ形になります（三角形の内角の和は 180°）。そのおうぎ形の弧に直線 2 つを合わせた長さが、求める答えです。3×3.14÷2＝4.71（弧の部分）（5－1.5×2）＋（4－1.5×2）＝2＋1＝3（直線の部分）4.71＋3＝7.71 で、答えは 7.71 cm となります。

❸ 3 つのおうぎ形を利用して斜線部分の面積を求めます。三角形 ABC の面積－3 つのおうぎ形の面積＝斜線部分の面積です。3×4÷2－1.5×1.5×3.14÷2＝2.4675 で、求める答えは 2.4675 cm^2 になります。

答え　❶ 1.5 cm　❷ 7.71 cm　❸ 2.4675 cm^2

ここがポイント

単純な考え方は、1 つ 1 つのおうぎ形の弧の長さや面積を出してから、それら 3 つを合計するというものです。しかし角 A＝90° とわかっていても、角 B と角 C の角度はわかりません。ここで、最初から 3 つのおうぎ形を合わせるということに気がつけば、解く糸口を見つけることができます。
❸は小数計算がちょっと大変です。しかしできるだけ電卓などを使わないで手や頭を使って計算しましょう。実生活でも計算しなくてはいけない場面が出てきますが、ふだんから手などを動かして計算していると、スムーズにできます。

B　応用トレーニング

問題

三角形ABCは直角二等辺三角形で、AE：EC＝1：1となっています。また辺ABを直径とした半円を右の図のようにかき、辺ACと交わる点をEとします。

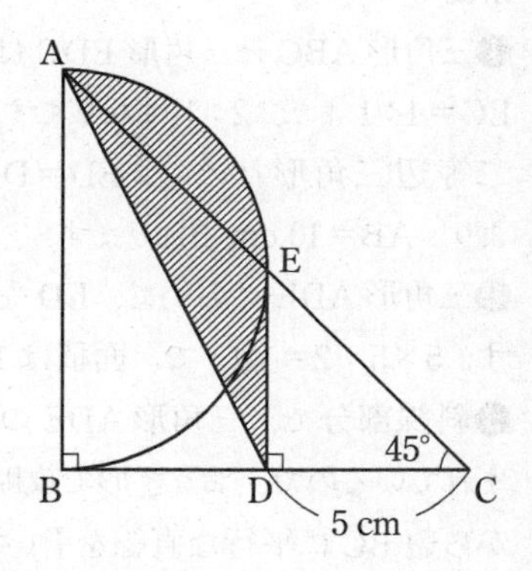

点Eから辺BCに垂線を下ろし、辺BCと交わった点をDとします。次の各問いに答えましょう。

❶ABの長さを求めなさい。
❷三角形ADEの面積を求めなさい。
❸斜線部分の面積を求めなさい。

ヒント

三角形ABCと三角形EDCは相似であることに気がつけば❶はすぐわかるはずです。三角形ADEの、どこを底辺にして高さにするかがわかれば❷は解けます。❸は補助線を引いて、おうぎ形で考えてみましょう。

解説 ……………………………………………………………………

❶三角形ABCと三角形EDCは相似で、相似比は、AE：EC＝1：1より、2：1になります。また三角形EDCも直角二等辺三角形なので、ED＝DC＝5 cm、AB：ED＝2：1より、AB＝10 cmとなります。

❷三角形ADEにおいて、EDを底辺、BDを高さと考えます。5×5÷2＝12.5で、面積は12.5 cm^2となります。

❸斜線部分で、三角形ADEの面積以外の部分は弧が含まれているので、おうぎ形で攻略することを考えます。点Eから辺BCに平行な直線を引いて、辺ABと交わる点をOとします。ED＝BD＝5cmなのでOE＝5cm、ゆえにOは半円の中心となります。そうすると中心Oのおうぎ形OEAができます。弓形の斜線部の面積＝おうぎ形OEAの面積－三角形OEAの面積です。おうぎ形OEAの面積は、5×5×3.14÷4＝19.625で19.625 cm^2です。また三角形AOEの面積は、5×5÷2＝12.5で12.5 cm^2ですから、弓形の斜線部分の面積は19.625－12.5＝7.125で、7.125 cm^2です。斜線部全体の面積は、12.5＋7.125＝19.625で、答えは19.625 cm^2となります。

答え　❶ 10 cm　❷ 12.5 cm^2　❸ 19.625 cm^2

ここがポイント

斜線部分のような変形した図形は分割して考えることが大切です。三角形ADEと弓形に分けて、シンプルな形にして基本に戻って考えると、複雑な問題も解けるようになります。

補足説明

文章を読み、その通りの図形をかくことによって、論理的思考能力と人に情報を正確に伝えることができるようになります。問題文と❸の解説を読みそれをもとに下のような図を正確にかければ申し分ありません。

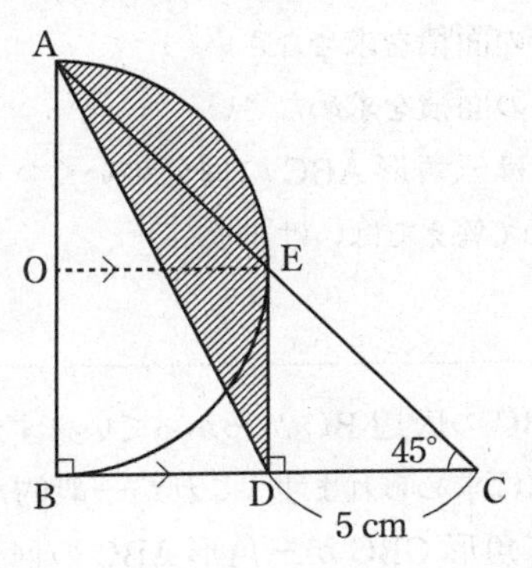

(8)三角形の面積比

A　基本トレーニング

問題

三角形ABCにおいて辺AHは高さで8 cm、辺BCは10 cmです。また点D、FはABを4等分した点で、点E、Gは辺ACを3等分した点です。

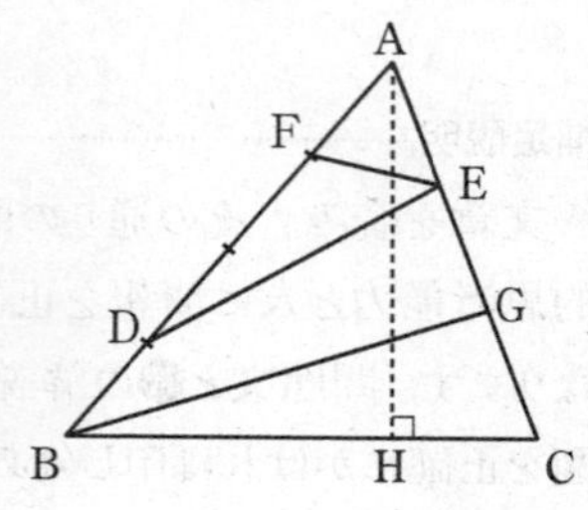

❶三角形GBCの面積を求めなさい。

❷三角形ADEの面積を求めなさい。

❸三角形AFEは三角形ABCの何分のいくつですか。実際の面積を求めて答えてはいけません。

ヒント

❶は三角形GBCの底辺BCがわかっていますから、あとは高さがわかれば求められます。これが一般的な思考法です。しかし、三角形GBCが三角形ABCの何分のいくつ

かを調べると、簡単に答えが出せます。❷は補助線を引いて三角形をふやして考えてみてください。❸は三角形の底辺と高さの割合だけで求めてみましょう。

解説

❶辺ACを三角形ABCの底辺とすると、三角形GBCの底辺GCはその$\frac{1}{3}$になります。2つの三角形の高さは共通していますから、三角形GBCの面積は三角形ABCの面積の$\frac{1}{3}$になります。三角形ABCの面積は、$10\times8\div2=40$で40 cm^2です。$40\div3=\frac{40}{3}$で、三角形GBCの面積は$\frac{40}{3}$ cm^2となります。

❷点Eと点Bを結んで三角形ABEを作ってください。三角形ABEは三角形ABCの$\frac{1}{3}$ですから、$40\div3=\frac{40}{3}$で$\frac{40}{3}$ cm^2です。三角形ABEの底辺をABとすると、AB：AD＝4：3なので、三角形ADEの面積は、三角形ABEの$\frac{3}{4}$です。$\frac{40}{3}\times\frac{3}{4}$で、答えは10 cm^2となります。

❸割合だけで考えていきましょう。三角形ABEは三角形ABCの$\frac{1}{3}$です。そして三角形AFEは三角形ABEの$\frac{1}{4}$です。三角形AFEは、$\frac{1}{3}\times\frac{1}{4}=\frac{1}{12}$により、三角形ABCの$\frac{1}{12}$になります。

答え　❶$\frac{40}{3}\left(13\frac{1}{3}\right)$ cm^2　❷10 cm^2　❸$\frac{1}{12}$

ここがポイント

抽象的な思考力をかなり要求される問題です。Aの$\frac{1}{4}$はA×$\frac{1}{4}$と表すように、$\frac{1}{3}$の$\frac{1}{4}$は$\frac{1}{3}\times\frac{1}{4}$という式で表せます。割合の割合はかけ算になることを知っておくと、何かと便利です。ちなみに20%の30%は、$0.2\times0.3=0.06$で6%になります。一つの目的（解）に向けて、いくつもの攻略法があることを体験すると、多面的な物の見方が自然にできるようになってきます。

B　応用トレーニング

問題

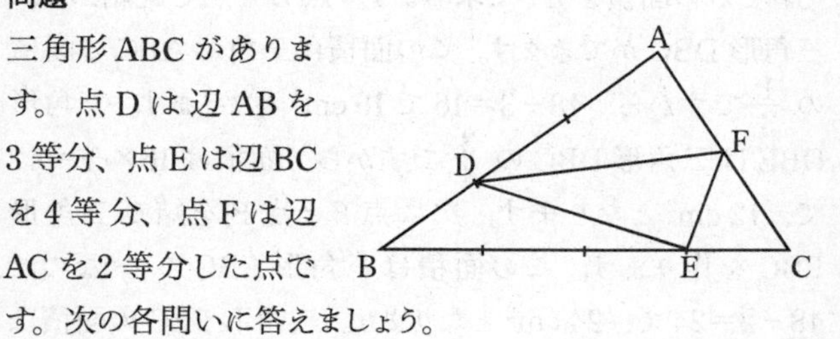

三角形ABCがあります。点Dは辺ABを3等分、点Eは辺BCを4等分、点Fは辺ACを2等分した点です。次の各問いに答えましょう。

❶三角形ABCの面積を48 cm²とすると、四角形ADEFの面積は何cm²になりますか。

❷三角形ABCの面積を1とすると、三角形DEFの面積はいくつになりますか。

ヒント……………………………………………………………

直接四角形ADEFや三角形DEFの面積を求めることはできません。底辺の比と高さが等しいことを利用するのは、基本トレーニングと同じです。たし算でできない時はひき算の発想をすれば、解決の糸口は発見できるはずです。

解説

❶三角形ABCの面積から三角形DBEと三角形FECのそれぞれの面積を引いて求めます。点Dと点Cを結ぶと、三角形DBCができます。この面積は三角形ABCの面積の$\frac{1}{3}$ですから、$48 \div 3 = 16$で$16\,\mathrm{cm}^2$となります。三角形DBEは三角形DBCの$\frac{3}{4}$ですから、面積は$16 \times \frac{3}{4} = 12$で、$12\,\mathrm{cm}^2$となります。次に点Fと点Bを結び三角形FBCを作ります。この面積は三角形ABCの$\frac{1}{2}$なので、$48 \div 2 = 24$で、$24\,\mathrm{cm}^2$となります。三角形FECの面積はその$\frac{1}{4}$ですから、$24 \div 4 = 6$で、$6\,\mathrm{cm}^2$になります。四角形ADEFの面積は、$48 - (12 + 6) = 30$で、$30\,\mathrm{cm}^2$となります。

❷三角形DBEの面積＝三角形DBCの面積$\times \frac{3}{4}$、三角形ADFの面積＝三角形ABFの面積（点Bと点Fを結ぶ）$\times \frac{2}{3}$、三角形FECの面積＝三角形FBC$\times \frac{1}{4}$となります。三角形DBEの面積$= \frac{1}{3} \times \frac{3}{4} = \frac{1}{4}$、三角形ADFの面積$= \frac{1}{2} \times \frac{2}{3} = \frac{1}{3}$、三角形FECの面積$= \frac{1}{2} \times \frac{1}{4} = \frac{1}{8}$、三角形DEFの面積$= 1 - \left(\frac{1}{4} + \frac{1}{3} + \frac{1}{8}\right) = 1 - \frac{17}{24} = \frac{7}{24}$となります。

答え　❶$30\,\mathrm{cm}^2$　❷$\frac{7}{24}$

ここがポイント

問題を解決する方法には、公式通りに行う正攻法と、他のやり方を探す方法があります。前者をたし算の発想とすれば、後者はひき算の発想と言ってもよいかもしれません。「たしても駄目なら引いてみよう」そういう発想で問題が解決する場合がよくあります。

補足説明

次に、補助線（点線）を引いた図を示しておきます。図形の問題を解決する時は、補助線が大活躍します。

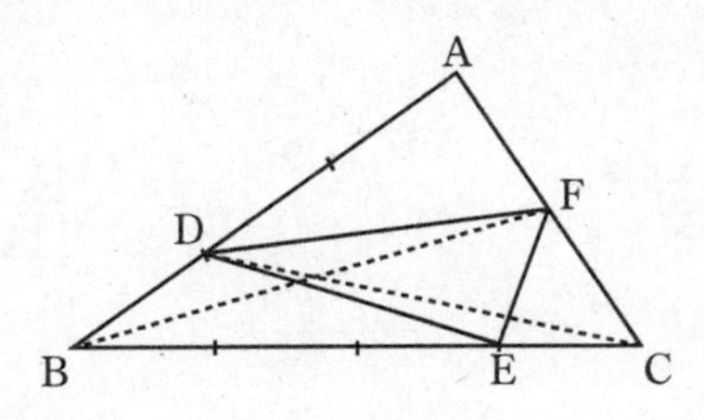

第５章　立体図形

平面図形は二次元の世界ですが、立体図形は三次元の世界で、図を見ているだけではなかなかイメージがつかめません。実際に立体図形を見ながら考えるというのは、小学校の４年生以上になってできるようになることが多いのです。立体図形を、三次元の世界で理解しようとするには、かなりの訓練が必要となります。美術や図工などが得意だった人は、立体図形の問題はそれほど苦労しないかもしれません。最初は大変ですが、三次元の立体図形を二次元の展開図にできるようにすると、だんだんわかるようになってきます。

立体図形の問題を解くと、いつもは使っていない脳が刺激されるようです。立体図形を考えることによって、直感的に全体を見る目が養われ、多面的に物事を考える習慣がついてきます。理屈で物事を考えている人が立体図形にふれると、今まで以上にいろいろなアイディアが浮かんでくることがあります。

人間の脳を活発に働かせるには、理屈で考えたり、直感的に考えたり、体を動かしたりすることが有効なようです。脳の部位によって論理的思考能力や言語能力をつかさどっているところが違っていると言われています。一部分の脳ばかり使うことを避けることによって、様々な問題に対処することが可能になってきます。図形と数量両方の考え方ができるようになると、今まで以上に豊かな発想になります。立体図形にチャレンジしてふだん使っていない脳を鍛えてみませんか。

(1)立方体と直方体

A　基本トレーニング

問題

図1のような直方体に、辺AB、辺BCを通って頂点EからGまで、長さが最も短くなるようにひもをかけます。EPQGは、このときのひもの通ったあとを示しています。ただしAD＝AE＝5 cm、DC＝10 cmです。これについて次の各問いに答えましょう。

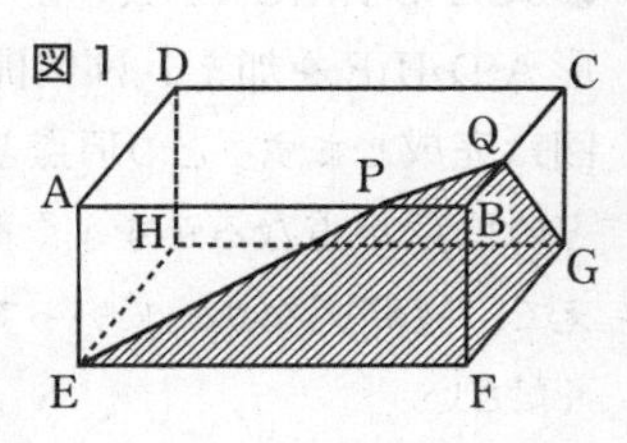

❶図2は図1の展開図の一部です。正しい展開図になるように、図をかきなさい。

❷図1の斜線部分を図2の展開図に斜線で表しなさい。

❸❷の斜線部分の面積を求めなさい。

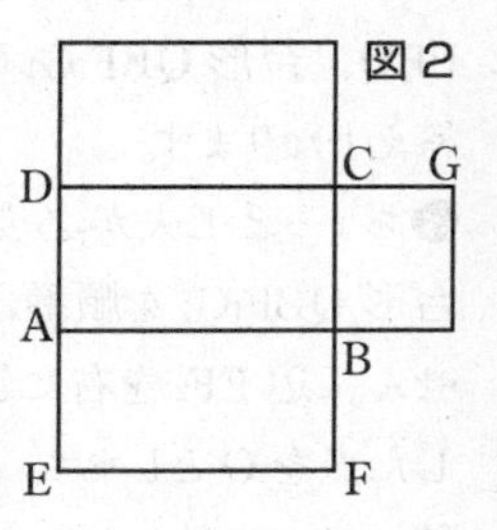

ヒント

立体のままだと、EからGまでの最短距離がなかなかイメージできない人も多いと思います。平面図形の展開図をかくことによって、それが直線になることがわかります。

解説

❶長方形$EH_1G_3F_2$と、正方形$A_2D_2H_1E$を加えれば展開図は完成します。どの頂点とどの頂点が重なるかをよく考えて、展開図をかいていってください。

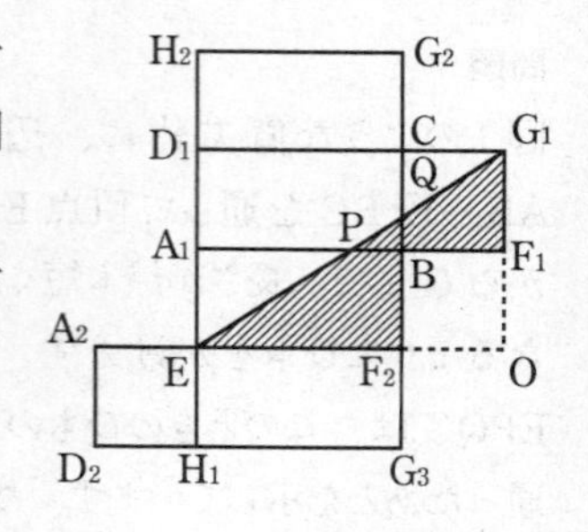

❷頂点Eから頂点G_1までを結び、それが最も短くなるようにするには、EG_1が直線になるように展開図の中で結びます。台形EF_2BP、三角形PBQ、台形QBF_1G_1の3つの図形に斜線を引いたものが答えとなります。

❸ちょっと工夫が必要です。台形EF_2BP、三角形PBQ、台形QBF_1G_1を順番に求めてたしていく正攻法では解けません。辺EF_2を右に延長し、辺G_1F_1を下に延長して交差した点をOとします。三角形EOG_1と正方形BF_2OF_1の面積は求められます。この2つの図形の面積の差が斜線の面

積になります。$(10+5)\times(5+5)\div2-5\times5=75-25=50$ で、答えは 50 cm^2 となります。

答え　❶❷は解説の展開図が答えです。❸ 50 cm^2

ここがポイント

立体図形を見ながら、わかるところからとにかく図をかいてみることがポイントです。頭の中だけで考えないで、手を動かしながら作図をします。❸は発想の転換が必要です。アクティブなたし算だけでなくひき算の発想も忘れないでください。

B　応用トレーニング

問題

次のような1辺6 cmの立方体があります。点Q、Rは1辺を3等分した点です。3点P、Q、Rを通るように立方体を切り、2つの立体に分けました。次の各問いに答えましょう。ただし図2は図1の展開図です。

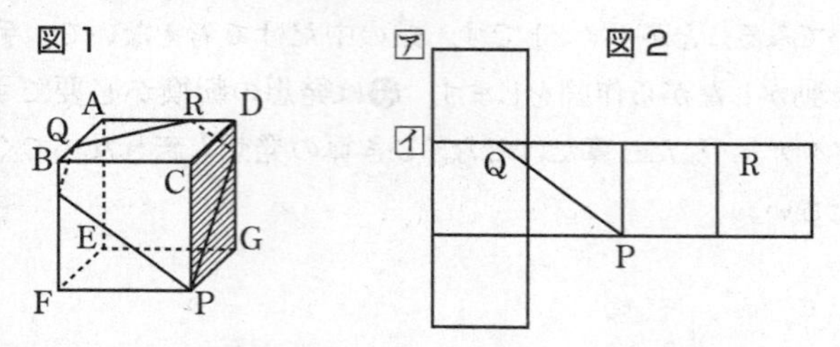

❶ア と イ に入る記号を図1を参考にして入れなさい。
❷図2の展開図に残りの切り取り線をかき入れなさい。
❸図2において、三角形PQRの面積を求めなさい。
❹分けられた2つの立体の表面積の差を求めなさい。

（鷗友学園女子中改）

ヒント

PQとPRは最短距離と考えてください。立体と展開図をよく見て、照らし合わせましょう。❹は、切り口の面積は、分けられた2つの立体において共通であることに着目してください。

解説 ……………………………………………………………………

❶Qの位置に着目すると[イ]はA、[ア]はDであることがわかります。

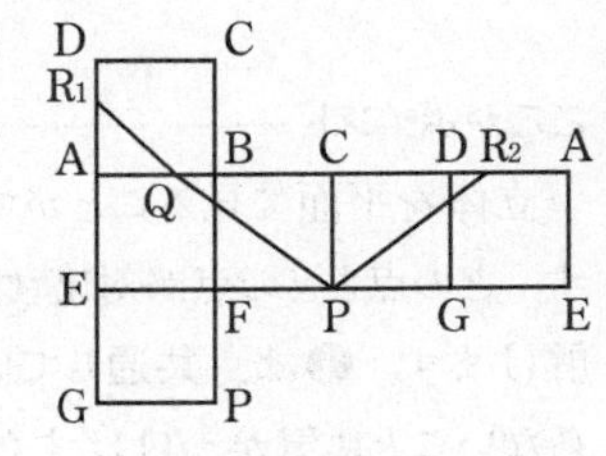

❷R_1は[ア]のDに近いことに気をつければすぐかけると思います。

❸QR_2の長さは、$6\times2+(2+2)=16$ cmで、三角形の高さは6 cmです。求める面積は$16\times6\div2=48$で、48 cm^2となります。

❹頂点Cを含む立体と頂点Eを含む立体の2つに分けられますが、この切り口の面積は共通しているので、表面積から除外しても、2つの立体の表面積の差は変わりません。頂点Cを含む立体の切り口を除いた面積㋐は、図2の三角形PQRと図1の五角形BCDRQの和です。五角形の面積$=6\times6-(6-2)\times(6-2)\div2=36-8=28$ cm^2となり、$48+28=76$で、㋐の表面積は76 cm^2となります。頂点Eを含む表面積㋑（切り口を除く）は、1辺が6 cmの正方形が6あるので$6\times6\times6-76=140$で140 cm^2に。㋑−㋐

＝64 で、答えは 64 cm^2 です。

答え　❶ア D　イ A　❷解説の図　❸ 48 cm^2
❹ 64 cm^2

ここがポイント

立体を平面で見ることができるようにするのがポイントです。どの点とどの点が対応するのかをしっかり頭に入れれば解けます。❹は、共通しているものを除外しても差は変わらないことに気がつけばすぐできるはずです。この問題も、正方形・立方体・三角形といった基本的な知識を活用していることに注目してください。

(2)体積と容積

A　基本トレーニング

問題

1辺が36 cmの正方形のブリキがあります。このブリキの4すみから、同じ大きさの正方形を切り取り、残った部分を折り曲げて箱を作ります。次の各問いに答えましょう。ただし、ブリキの厚さは考えないものとします。

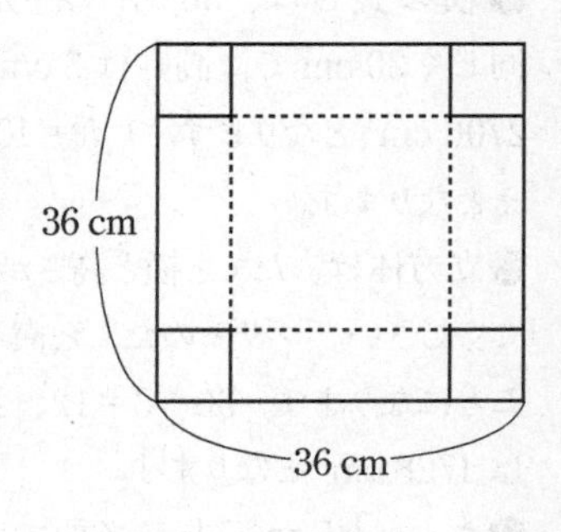

❶1辺が3 cmの正方形を切り取ると、できた箱の容積は何 $d\ell$ ですか。

❷箱の形が立方体になるとき、箱の容積は何 cm^3 になりますか。

❸このブリキから容積が 1ℓ の立方体を作りたいと思います。その場合ブリキの1辺の長さを求めなさい。

ヒント

❶と❷は4すみを切ったら、たてと横と高さが何 cm になるかを考えましょう。❸は1辺をxとし$x \times x \times x$＝容積という式をたてて、xを求めてください。

解説

❶横の長さは、$36-3\times2=30$ で 30 cm、たての長さも同じく 30 cm で、高さは 3 cm です。$30\times30\times3=2700$ で 2700 cm^3 となります。1 $d\ell=100$ cm^3 ですから、27 $d\ell$ が答えとなります。
❷立方体は、たてと横と高さがみな同じであることに着目してください。ブリキのたてと横を等しく3つに分ければよいことになります。$36\div3=12$、$12\times12\times12=1728$ で、容積は 1728 cm^3 となります。
❸ちょっとした工夫が必要です。容積が1 ℓ の立方体の1辺をxとすると、1 $\ell=1000$ cm^3 ですから、$x\times x\times x=1000$ という式が成立します。同じ数を3回かけて1000になる数は10です。立方根を知らなくても、わかる方が多いと思います。$10\times3=30$ で1辺の長さは 30 cm となります。

答え　❶27 $d\ell$　❷1728 cm^3　❸30 cm

ここがポイント

直方体や立方体の体積や容積を求める公式を思い出し、展開図にした時、どこがたてや横や高さになるかを見抜けるようにします。❷❸は立方体の性質をしっかりと頭に入れてあるかどうかがポイントです。このような戦略を覚えておくと、困難な場面に出会った時、活用できそうですね。

B　応用トレーニング

問題

右の図は1辺が12 cmの立方体で、辺AD上に点Pを、辺CD上に点Qをとり、AP＝CQ＝8 cmとします。この立方体を3点E、P、Qを通る平面で切った時にできる2つの立体について、次の各問いに答えましょう。

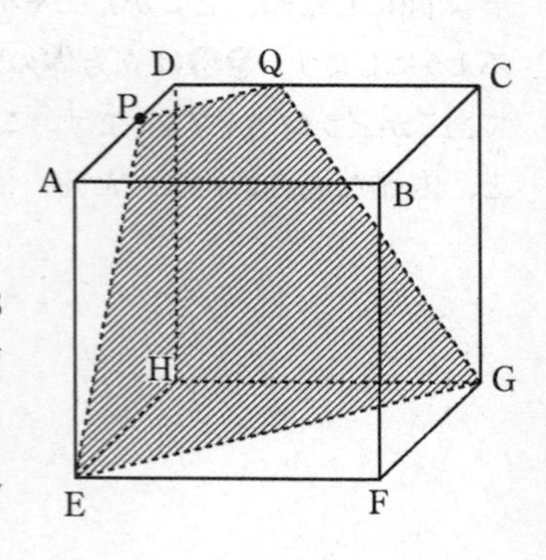

❶点Hを含む方の立体の体積を求めなさい。

❷切り取ってできた2つの立体の体積の比を求めなさい。ただし小さい方の立体を前項とします。

ヒント

この2つの立体はそのままでは求めることができません。このような立体を求める公式は算数には出てきません。しかし三角錐なら求められます。Hを含んだ立体を、何とかして三角錐にして考えてみましょう。

解説

❶Hを含んだ立体はZを三角錐の頂点とすると、Z－PDQとZ－EHGの2つの三角錐ができ、その2つは相似です。PD＝QD＝12－8＝4 cmで、EH＝GH＝12 cmですから、Z－PDQとZ－EHGの相似比は4：12＝1：3に、またZHとZDは三角錐の高さになります。ZDをxとすると、ZH：ZD＝(12＋x)：x＝3：1から、3×x＝(12＋x)となります。xを求めると、6ですから、ZH＝6＋12＝18 cm。ZD：ZH＝6：18＝1：3。Z－PDQとZ－EHGの体積比は$1^3:3^3=1:27$です。求める体積（Hを含む立体）は、$12\times12\times\frac{1}{2}\times18\times\frac{1}{3}\times\frac{27-1}{27}=72\times6\times\frac{26}{27}=416$で、416 cm^3になります（Z－EHGの$\frac{26}{27}$がHを含む立体の体積です）。

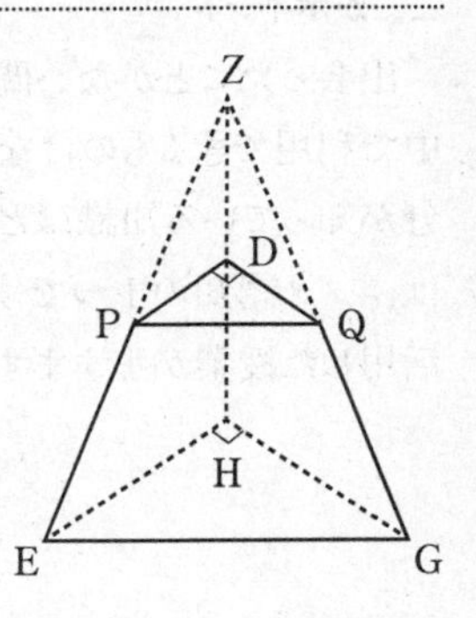

❷点Bを含む立体の体積は、12×12×12－416＝1312ですから、2つの立体の体積比は、416：1312となります。これを簡単にすると、13：41です。

答え　❶416 cm^3　❷13：41

ここがポイント

出会ったことがない問題を解くには、知っている知識の中で利用できるものはないかを考えるのがポイントです。自分が知っている知識はどのようなものなのかを検証する能力は、メタ認知の1つです。これからは学校でもメタ認知を活用した授業がますます増えてきます。

(3)体積とグラフ

A　基本トレーニング

問題

右の図1のような水槽に、直方体の鉄のかたまりが入っています。図2のグラフは、この水そうに毎分2ℓの水を入れた時の、水面のようすを表しています。

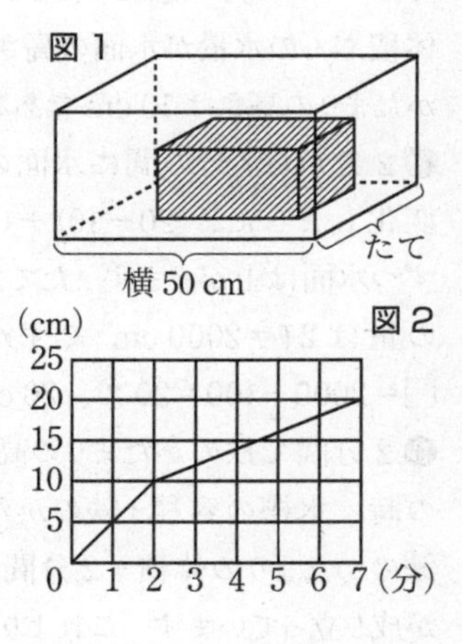

❶鉄のかたまりの高さは何 cm ですか。

❷水槽のたての長さは何 cm ですか。

❸鉄のかたまりの重さは何 kg ですか。ただし比重は7.8とします。　　　　　　　（京都学園中改）

ヒント

グラフから、いろいろなことがわかります。横軸の2分のところで、グラフがなぜ変化したのかを考えてみましょう。

解説

❶2分後にグラフの傾きがゆるやかになっています。それまでのグラフの方が急だったのは、鉄のかたまりがあり、その体積ぶんの水量が水面の高さを押し上げるためです。鉄のかたまりの高さは10 cmであることがわかります。

❷2分から7分の間に水面の高さは10 cmから20 cmに変化しました。(20－10)÷(7－2)＝2で、1分間に2 cmずつ水面は上がります。たてを□とします。1分間に入る水の量は2 ℓ＝2000 cm^3ですから、50×□×2＝2000で、□＝2000÷100＝20で、20 cmとなります。

❸2分間で鉄のかたまりの高さまで水面が上がります。その時、水槽の容積（鉄のかたまりの高さが10 cmの時）＝鉄のかたまりの体積＋2分間に入れた水の体積という等式が成り立っています。これより、鉄のかたまりの体積＝水槽の容積－2分間に入れた水の体積、という式が導き出されます。50×20×10－2000×2＝6000 cm^3、比重が7.8なので、6000×7.8＝46800 gで46.8 kgとなります。

答え　❶ 10 cm　❷ 20 cm　❸ 46.8 kg

ここがポイント

グラフや図表を見て、それが何を意味しているかを読み取る能力を身につけることが大切です。グラフや表を読み取る練習をしておくと、集計されたデータの意味がよくわかるようになります。

B　応用トレーニング

問題

図1は、底面積が300 cm^2、深さが60 cmの角柱の容器です。A管から水が入り、B管、C管から水が出ます。図2は、時間と水深の関係を表したものです。

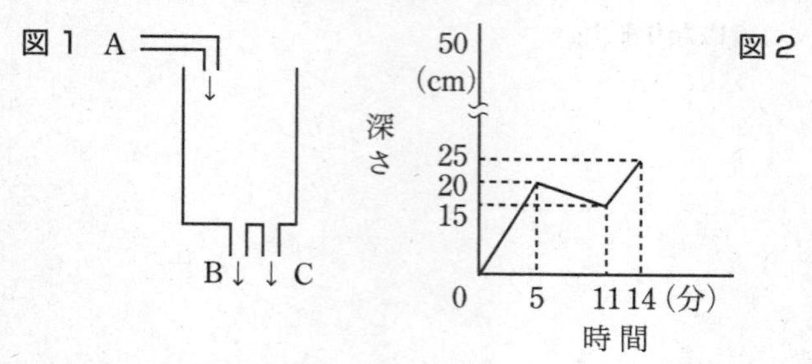

❶最初の5分間はA管から水を入れ、B管、C管は閉じています。A管からの水量は毎分何 cm^3 ですか。

❷次の6分間はA管、C管を閉じ、B管から水を出し、さらに次の3分間はB管を閉じ、A管から水を入れてC管から水を出しました。3管すべてを開くと1分で深さが何cm増えますか。

❸14分以後は3管すべて開いて容器を満水にしました。初めから何分後に満水になりましたか。

（慶應義塾中等部改）

ヒント

5分後、11分後、14分後に着目して、なぜグラフの傾きが違うかを考えると、A管、B管、C管のそれぞれの1分あたりの水量を求めることができます。

解説

❶ 5分で深さは20 cmですから、$20 \div 5 = 4$で1分では4 cmです。底面積は300 cm^2なので、$300 \times 4 = 1200$ cm^3で、毎分1200 cm^3となります。

❷ 5分から11分で6分間に5 cm減少しますから、$5 \div 6 = \frac{5}{6}$で、1分間に高さが$\frac{5}{6}$ cm減ります。$300 \times \frac{5}{6} = 250$で、B管からは毎分250 cm^3の水が出ていきます。次にC管から出る水の量を求めます。AとCを同時に開いていると、3分で10 cm増えますから、1分で$\frac{10}{3}$ cm増えます。$300 \times \frac{10}{3} = 1000$ cm^3で、AとCを開いていると毎分1000 cm^3水が増えます。$1200 - 1000 = 200$で、C管からは毎分200 cm^3水が出ていくことがわかります。$1200 - (250 + 200) = 750$ cm^3で、3管同時に開くと1分で750 cm^3水が増えます。$750 \div 300 = 2.5$で1分で2.5 cm増えます。

❸ 14分の時は深さ25 cmです。満水時の深さは60 cmですから、あと35 cmあります。1分あたり2.5 cmずつ増え

ますから、35÷2.5＝14 で、あと 14 分で満水になります。答えは 14＋14＝28 で、28 分です。

答え　❶ 毎分 1200 cm^3　❷ 2.5 cm 増える　❸ 28 分後

ここがポイント

A、B、C の管が 3 本あるので、それぞれの 1 分あたりの水の量を求めるのがポイントです。複雑に見える問題を、グラフを正確に読んで、単純な条件に整理していくことによって解決の糸口を発見できます。グラフの読み取りは実生活で役に立つことがたびたびあります。社会現象を棒グラフや折れ線グラフで示した新聞記事を見る機会が多いと思います。グラフは、ある規則や傾向が視覚的によくわかる資料のひとつです。

(4)体積と水の深さ

A　基本トレーニング

問題

1辺が30 cmの立方体の容器に、右の図のように20 cmまで水を入れ、FGを床につけたまま、容器を床から45°まで傾けました。これについて各問いに答えましょう。

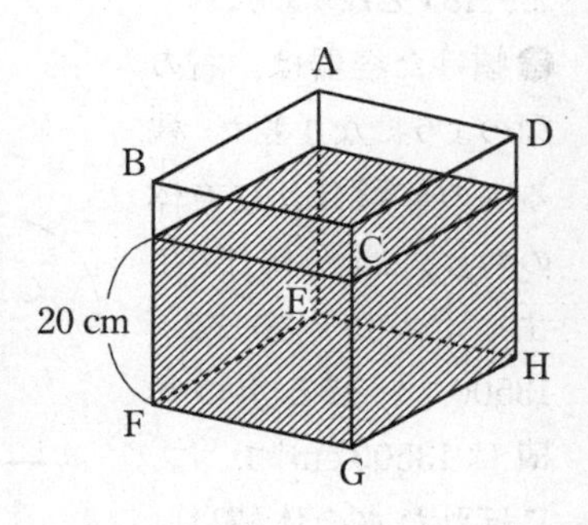

❶入れた水の体積は何ℓですか。

❷こぼれた水の体積は何ℓですか。

❸❷において容器を元に戻しました。深さは何cmになりますか。

ヒント ……………………………………………………………………………

立方体を45°に傾けたら、水の量はどうなるのかを、図にかいて考えてみましょう。こぼれた後に残った水の量がわかれば、❸も解くことができます。

解説

❶底面積は、$30\times30=900$ で、$900\ \mathrm{cm}^2$ で、高さは 20 cm なので、$900\times20=18000\ \mathrm{cm}^3$ となります。これを ℓ に直すと、18 ℓ となります。

❷傾けた容器は、右の図のようになります。残る水の体積は、立方体のちょうど半分になります。$30\times30\times30\div2=13500$ で、残る水の体積は $13500\ \mathrm{cm}^3$ です。

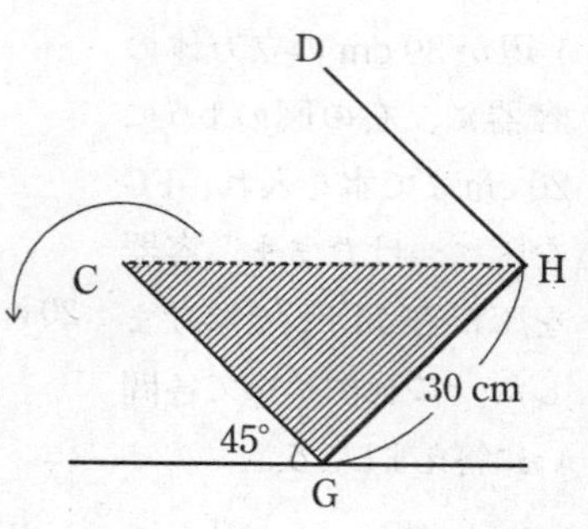

こぼれた水の体積は、$18000-13500=4500$ で $4500\ \mathrm{cm}^3$ となります。これを ℓ に直すと、4.5 ℓ になります。

❸容器に残っている水の体積は $13500\ \mathrm{cm}^3$ です。底面積は $30\times30=900\ \mathrm{cm}^2$ ですから、高さは、$13500\div900=15$ で 15 cm となります。

別解

$13500 \div 18000 = \dfrac{3}{4}$ で、体積は $\dfrac{3}{4}$ になりますから、高さも $\dfrac{3}{4}$ になります。$20 \times \dfrac{3}{4} = 15$ cm

答え　❶ 18 ℓ　❷ 4.5 ℓ　❸ 15 cm

ここがポイント

立体を45°に傾けた図を平面上にかけるかどうかがポイントです。❷の図がかければ、三角形 GHC は直角二等辺三角形で、正方形 GHDC の半分であることがわかります。

B　応用トレーニング

問題

円柱で底面積の異なる容器A、BのAには15 cm、Bには10 cmの高さまで水を入れたところ、AとBに入っている水の体積比は3:4になりました。

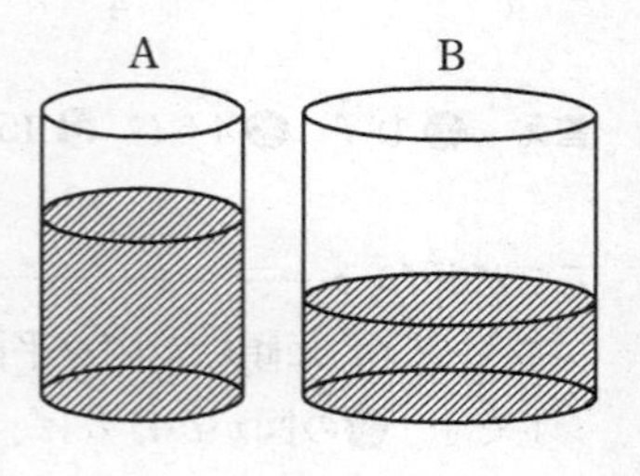

❶AとBの底面積の比を最も簡単な整数の比で表しなさい。

❷次に、Aの水をいくらかBに移し、Bの水面の高さがAの水面の高さの2倍になるようにすると、Aの水面の高さは何cmになりますか。　（広島学院中改）

ヒント

たとえば2つの円柱で、その高さの比が1:2で、底面積の比が1:3の場合、体積の比は、(1×1):(2×3)=1:6になります。一般に、高さの比×底面積の比＝体積の比という式が成り立ちます。この式から、底面積の比＝体積の比÷高さの比という式が導き出されます。❷はAの水面の高さを1として、底面積1あたりの割合と実際の高さで考えてみましょう。

解説

❶底面積の比＝体積の比÷高さの比の式を利用します。高さの比はA：B＝15：10＝3：2なので、(3÷3)：(4÷2)＝1：2で、底面積の比は1：2となります。

❷かなりの難問です。水を移した後のAの水面の高さを1とすると、底面積1あたりの高さは、1×1＋2×2＝5で5となります（AとBの水の合計で考えています）。次に、移す前の水の体積から、底面積1あたりの実際の高さを求めてみます。A＝15 cm、B＝10 cmなので、1×15 cm＋2×10 cm＝35 cmとなります。同じ単位（底面積）で考えているので、5＝35 cmとなることに着目しましょう。1＝35÷5＝7で1＝7となりますから、Aの水面の高さは7 cmです。

答え　❶1：2　❷7 cm

ここがポイント

　体積と比の融合問題を解くには、体積と比の性質をよく知っていなくてはなりません。比の場合も、体積＝底面積

×高さという公式が利用できることに気がつくかどうかがポイントとなります。頭の中だけではなかなか理解できない場合は、具体的な数字で公式を確かめるのも1つの方法です。具体的な考えから抽象的な考えができるようになると、論理的思考能力は一段とアップします。

第6章　和と差の文章題

日本に昔からある算数の文章題を解くことで、脳は活性化します。

この章の問題はほとんどが、中学校で習う方程式を使うと、楽々解ける問題かもしれません。しかし方程式を使わないで解くことになったら、とまどう方も多くいるのではないでしょうか。方程式に慣れている人にとっては、それを使わないで解くのはとても難しく感じるに違いありません。

線分図や面積図をかいて、原理やしくみに基づき視覚をフルに活用して理屈で考えていくと、方程式を使わないで解けることがあります。それを発見した喜びは、なかなか忘れることができないでしょう。

いつも同じアプローチの方法ではマンネリ化し発展性がないため、単純な営みの繰り返しになってしまいがちです。違った所から光を当てて、だれも気がつかないような発想で新しいことにチャレンジすると、仕事やプライベートもうまくいくことが多いのです。

多面的な思考法を身につけておくと、混迷したグローバルな社会を生き抜くのにとても便利です。算数や数学の問題を解く方法は、ふつうは１つではありません。算数や数学の文章題はいろいろな角度から光を当てると解決できることが多いので、多面的な物の見方が自然に身についていきます。

問題解決の方法をいくつも持っている人は、新しい困難な局面を打開することも可能となります。OECDは2000年のPISAで、問題解決能力を高める必要性を、世界各国に発信しました。小・中学校の授業を改革するために、大学入試も大幅に変わっていきます。PISA型学力を意識した教育を、教育界だけでなく経済界も注目しているのです。このPISA型学力には、数学的思考が含まれているのは明白です。

さあ、方程式を使わないで解く方法を考え出してみましょう。

(1)和差算

A　基本トレーニング

問題

あや子さんは、国語・算数・理科・社会の4教科の試験を受けました。理科の点数と社会の点数の合計は139点で、社会は理科より21点低い得点でした。4教科の平均点は68.5点です。また、算数の点数は国語の点数よりも11点高い得点です。次の各問いに答えましょう。

❶理科の点数を求めなさい。
❷算数の点数を求めなさい。
❸国語を何点とっていたら4教科の平均が70点になりましたか。

ヒント

文章をよく読んで、その文章通りの線分図をかいてみましょう。平均の意味を思い出して、一つ一つ整理していけば解法の糸口を発見できるはずです。

解説

❶理科と社会の関係は次の線分図で表すことができます。

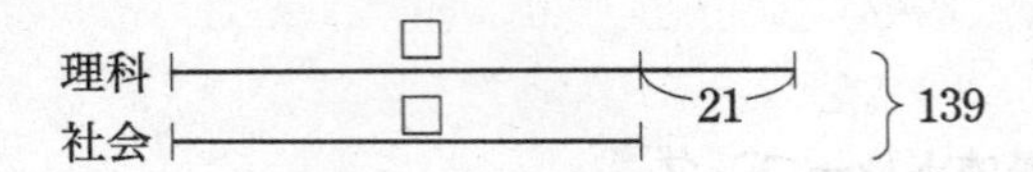

社会の点数を□とすると（□＋21）＋□＝139 となり、□は、2×□＝139－21 より□＝59 になります。理科は 59＋21＝80 で 80 点です。

❷算数と国語の合計点は、68.5×4－139＝135 で、135 点です。この 2 つの教科の関係を線分図で表すと次のようになります（国語の点数を△とします）。

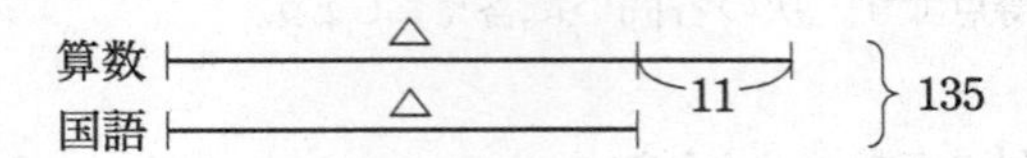

（△＋11）＋△＝135、2×△＝135－11、2×△＝124　△＝62 となり、算数は 62＋11＝73 で 73 点です。

❸❷より国語は 62 点ということがわかっています。70－68.5＝1.5　1.5×4＝6 により、4 教科の合計が 6 点プラスされないと、平均点は 70 点になりません。62＋6＝68 で、68 点となります。

答え　❶80 点　❷73 点　❸68 点

ここがポイント

平均の意味をよく理解した上で、この文章を図で表します。基本的なことがよくわかっていれば、和差算を利用した平均の問題であることに気がつくはずです。

B　応用トレーニング

問題

秀樹君、五郎君、ひろみ君の３人でパーティーの準備をしています。秀樹君は果物の代金、五郎君は飲み物の代金、ひろみ君はお菓子の代金をそれぞれ支払いました。会費が３人とも同じ金額になるように、秀樹君は五郎君から40円、ひろみ君から250円もらいました。果物と飲み物の代金の合計は2850円でした。

❶１人分の会費は何円になりますか。
❷お菓子の代金を支払った時の消費税の額を求めなさい。ただし消費税は8％としします（内税とします）。

（武庫川女子大附中改）

ヒント

何が和で何が差になるのかを考えて線分図をかいてみると、よくわかるようになります。果物と飲み物の和は2850円、では何が差になるのでしょうか。次の図をよく見て考えてみてください。

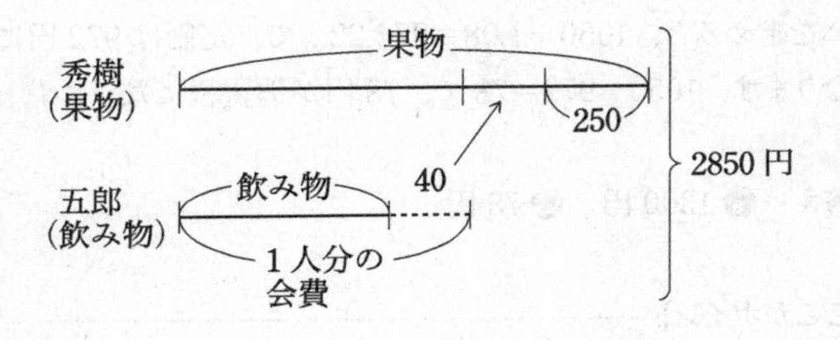

解説

❶ヒントの線分図をもう少し詳しくかくと次のようになります。

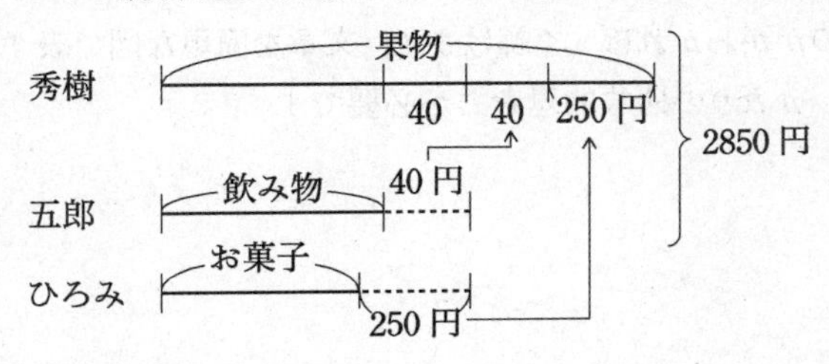

秀樹と五郎の関係から、飲み物の代金を□として式を作ります。

(□＋40＋40＋250)＋□＝2850　2×□＝2520　□＝1260
（果物）　（飲み物）

となり、1260＋40＝1300で、1人分の会費は1300円。

❷ひろみの会費も1300円ですから、お菓子の代金は1300－250＝1050で、代金は1050円です。お菓子の定価を△とすると、△×(1＋0.08)＝1050となります。これから

△を求めると、1050÷1.08＝972.22...で、定価は972円になります。1050－972＝78で、78円が消費税になります。

答え　❶1300円　❷78円

ここがポイント

複雑そうに見える問題でも、線分図などを使って整理すると、シンプルな問題になります。何を和に、何を差にするのかがわかればすぐ解けます。文章を簡単な図で表すには、かなりの抽象的思考力が必要です。

(2) 分配算

A 基本トレーニング問題

問題

8000円をあやさん、ゆう子さん、ひとみさんの3人で分けました。ゆう子さんの金額は、ひとみさんの2倍より1000円多く、ゆう子さんとひとみさん2人分を合わせた金額は、あやさんの3倍より2000円少なくなっています。次の各問いに答えましょう。

❶あやさんの金額はいくらですか。
❷ひとみさんの金額はいくらですか。
❸ゆう子さんの金額は、エアコンを20%引きで買った時の消費税と同じでした。このエアコンの定価はいくらですか。ただし消費税は8%とします。

ヒント

何かを基準にして多い少ないという問題は、線分図をかくと解けるケースがよくあります。ゆう子、ひとみ、ひとみ＋

ゆう子、あやの4つの条件に分けて考えてみましょう。

解説 ……………………………………………………………………

❶ひとみさんとゆう子さんとあやさんの金額の関係がわかっていますから、これを線分図で表すと次のようになります。

ゆ＋ひ
□
あ
2000円
8000円

あやさんの金額を□にすると、□×4−2000＝8000となります。□×4＝10000より、答えは2500円になります。

❷ゆう子さんとひとみさんの合計金額は、2500×3−2000＝5500で、5500円です。さらに、この2人の関係がわかっていますから、次のような線分図がかけます。

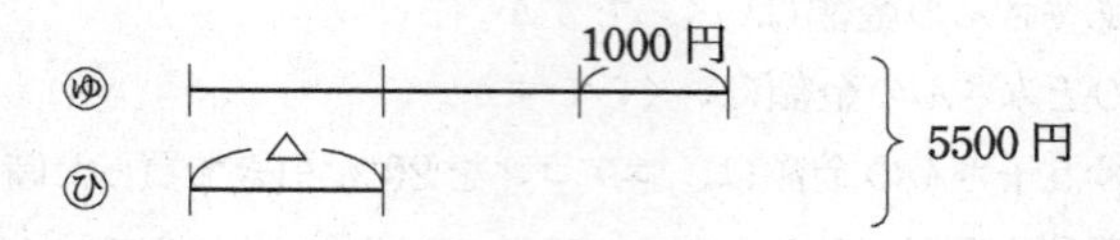

ひとみさんを△とすると、△×3＋1000＝5500　△×3＝4500で△＝1500となり、答えは1500円です。

❸ゆう子さんの金額は1500×2＋1000＝4000で4000円。エアコンの定価を○とすると、○×(1−0.2)×0.08＝4000

○×0.064＝4000　○＝62500で、答えは62500円。

答え ❶2500円　❷1500円　❸62500円

ここがポイント

いかにわかりやすい図表がかけるか、そこがポイントとなることは言うまでもありません。

B　応用トレーニング

問題

1本80円のボールペンを54本、A、B、Cの3人で買いました。Aの支払額（税抜き）はCより400円多くなりました。もし、BがAに4本ゆずったとすると、AとBの本数は同じになります。次の各問いに答えましょう。

❶Aの持っているボールペンは何本ですか。
❷Cはいくら支払いましたか。ただし消費税は8%とします。

（市川中改）

ヒント

金額と本数がまじっているので、どちらかに統一して考えると、わかりやすい線分図をかくことができます。数字の小さい本数で基本トレーニングと同じ要領で解いてみましょう。複数の条件がある場合、なるべくシンプルな条件に統一していくことを考えてください。そうすると複雑そうな問題の解決の糸口を発見できます。

解説

❶Aは C より 400 円多くなったので、$400 \div 80 = 5$ より、5本多く買ったことになります。本数で線分図をかくと次のようになります。

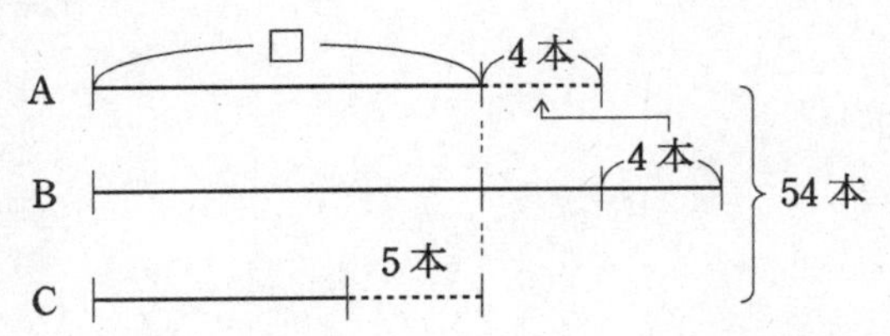

Aの本数を□とすると、Bはそれよりも(4+4)だけ多く、Cは□より5本少なくなります。Cの5本をたして、Bの(4+4)本を引くと、それは□が3つ分になります。$□ \times 3 = 54 - 8 + 5 = 51$ となり、□は $51 \div 3 = 17$ で17本になります。

❷ $C = □ - 5 = 17 - 5 = 12$ で、Cは12本です。1本80円なので、$80 \times 12 \times (1 + 0.08) = 1036.8$ で、1036円支払うことになります。

答え ❶17本 ❷1036円

ここがポイント

Aを基準にすると、BやCはどのように表示するのかを考えると、線分図が楽にかけます。方程式で数字だけの操作で解くよりも、より視覚的と言えます。長い文章を簡単にまとめて、それを見ながら解決する手法は、アナログ的と言ってよいかもしれません。

(3) つるかめ算

A　基本トレーニング

問題

20 g、15 g、10 g の 3 種類のおもりが全部で 34 個あります。これらの重さの合計は 500 g で、15 g と 10 g のおもりは同じ個数あります。

❶ 10 g のおもりは何個ありますか。
❷ 20 g のおもりの重さの合計は何 g ですか。

（早稲田実業中改）

ヒント

このような問題は、つるかめ算で解くことができます。一般的には面積図を使うと簡単に解けます。この問題の面積図をヒントとしてかいておきますから、たてと横と面積はそれぞれ何を表すのかを見抜いてください。斜線の部分㋐の面積は何を表すのかをよく考えると解けます。

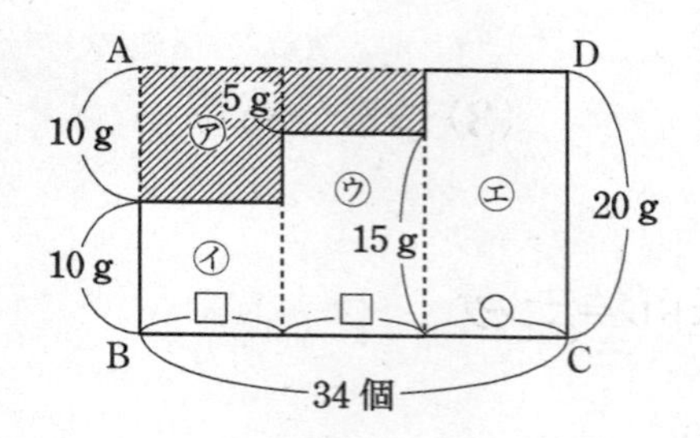

解説

❶つるかめ算としては難しい部類に入ると思いますが、ヒントの面積図を見てわかった方もいらっしゃるのではないでしょうか。たては1個あたりのおもりの重さ、横はおもりの個数、面積は重さの合計にあたります。全部1個20gのおもりと仮定すると、長方形ABCDの面積になります。34×20＝680で、その面積は680gになります。ところが㋑＋㋒＋㋓は500gですから、㋐は680－500＝180で、180gになります。10gのおもりの個数を□とすると、㋐＝10×□＋5×□となります。180＝15×□なので、□＝12で、10gのおもりは12個となります。

❷20gのおもりの数を○とすると、□＋□＋○＝34　12×2＋○＝34で、○は10となります。20×10＝200で、答えは200gとなります。

答え　❶12個　❷200g

ここがポイント

この問題がつるかめ算であると見抜ける方は少ないと思います。

面積図を1度も見たことがない方は、自力でヒントのような図をかくことはまずできません。しかし面積図を与えられて、それが何を意味するのか、理屈で考えていくことはとても大切なことです。図を見て、たて、よこ、面積がそれぞれ何を意味しているかを読み取る能力をつけておくと、実生活でも役に立つことがあります。

B　応用トレーニング

問題

ボールペンと鉛筆を合わせて260本買いました。色は黒と赤です。ボールペンの $\frac{2}{5}$ と鉛筆の $\frac{1}{4}$ が赤で、赤の本数の合計は86本です。次の各問いに答えましょう。

❶ボールペンは全部で何本ですか。

❷赤の鉛筆は1本80円です。赤の鉛筆全部の代金はいくらですか。ただし消費税は8%とします。

ヒント

割合の差を利用したつるかめ算で、難問です。

鉛筆の本数を△1、ボールペンの本数を□1とすると、次のような線分図がかけます。

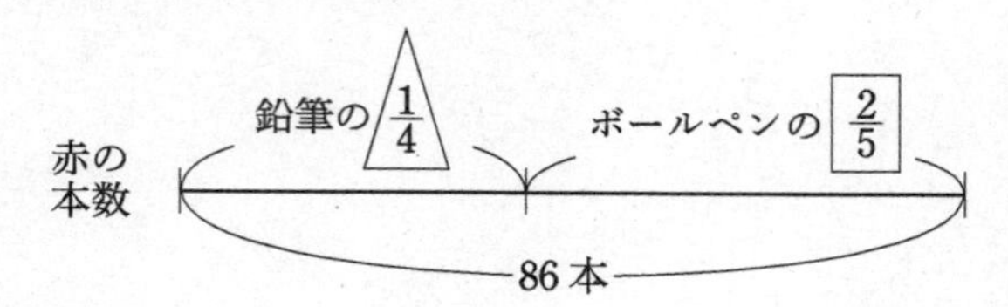

赤のボールペンの割合が、鉛筆の割合と同じ□$\frac{1}{4}$と仮定すると、上の線分図より短くなり、差が発生します。その差

をどう処理するのかを考えてください。

解説

❶赤のボールペンの割合と赤の鉛筆の割合が同じ $\frac{1}{4}$ ならば、赤の本数は $260\times\frac{1}{4}=65$ で、65 本となります。線分図のⒶは、$\boxed{\frac{2}{5}}-\boxed{\frac{1}{4}}=\boxed{\frac{3}{20}}$ となります。

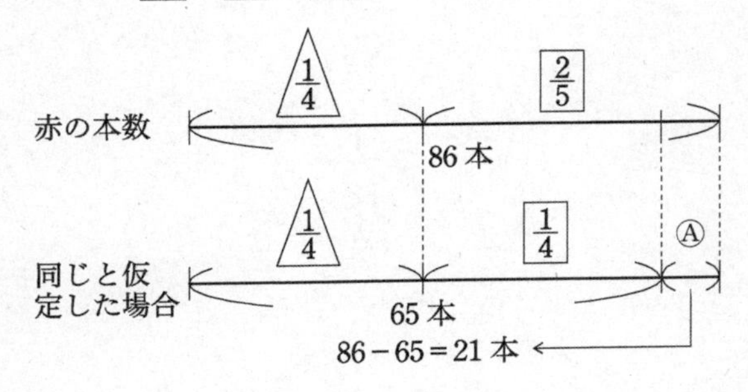

つまり、$\boxed{\frac{3}{20}}$ にあたるのが 21 本ということになりますから、$\boxed{1}$を求める式は $21\div\boxed{\frac{3}{20}}$ になります。$\boxed{1}$すなわちボールペンの本数は 140 本ということになります。

❷ $140\times\frac{2}{5}=56$　$86-56=30$ で、赤の鉛筆は 30 本。$80\times30\times(1+0.08)=2592$ で、2592 円となります。

答え　❶ 140 本　❷ 2592 円

ここがポイント

同じものを基準としている割合は、たしたり引いたりできます。△同士、□同士は加法・減法ができることを理解し、差に着目して、つるかめ算の手法で解いていきます。割合の基本的な意味とつるかめ算の方法が頭の中で結びつくかどうかが、ポイントといえます。

(4) 差集め算

A 基本トレーニング

問題

1枚1500円（税込み）のCDを何枚か買う予定で、お金をちょうど持っていきました。まとめて買ったので、1枚あたり20%引きでした。そのため予定より1枚多く買ったところ、残金が300円になりました。次の各問いに答えましょう。

❶ 20%引きの売り値で最初に予定していた枚数だけ買ったとすると何円余りますか。

❷ CDは最初何枚買う予定でしたか。

ヒント

定価と安くなった売り値の代金の差に着目してください。その差をどうするかを考える場合、面積図をかくと便利です。次の図の○や△や□に何が入るかがわかればすぐ解けます。

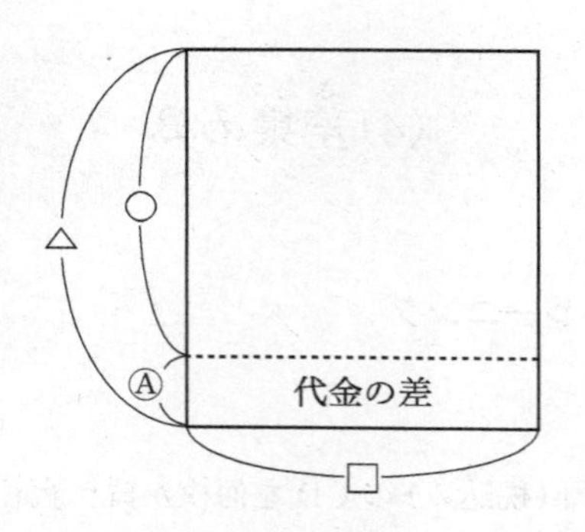

解説

❶最初に予定していた枚数だけ買うと、持っていたお金が余ります。ヒントの図では、代金の差になります。1500円の20%引きは1500×(1−0.2)＝1200で1200円となります。これを1枚余分に買っても300円余りましたから、予定の枚数しか買わない場合は、1200＋300＝1500で、1500円余ることになります。

❷ヒントの図で、△＝1500円(定価)、○＝1200円(売り値)、□＝枚数となります。△−○＝1500−1200＝300で、Ⓐは300円です。また代金の差は、❶で求めた余った金額のことです。1枚1500円を□枚買った代金と、1枚1200円を□枚買った代金の差です。Ⓐ×□＝1500という式ができますから、300×□＝1500で、□＝5となります。枚数は5枚であることがわかります。

答え　❶1500円余る　❷5枚

ここがポイント

方程式の問題は、面積図を利用するとかなり解けます。たて、横、面積がそれぞれ何を意味するかを理解するのがポイントです。この問題のように、差を集めて、全体の差＝1つあたりの差×個数といった式で答えを求めるものを、差集め算といいます。方程式で機械的（デジタル的）に解くよりも、かなり頭を使うことになります。

補足説明

方程式を利用すると次のようになります。

買う予定の枚数をxとすると、$1500x=1200(x+1)+300$。これをとくと$x=5$となり、答えは5枚です。

B　応用トレーニング

問題

小泉さんは、62円切手と82円切手を合わせて30枚買えるお金を持って郵便局に行きました。しかし、間違えて買う枚数を逆にしてしまったので、120円足りなくなってしまいました。次の各問いに答えましょう。

❶買うつもりの82円切手と62円切手の差は何枚ですか。
❷小泉さんは、82円切手を何枚買うつもりでしたか。

ヒント

まず、82円切手と62円切手のどちらを多く買うつもりだったかを考えてください。もし同じ枚数なら、逆にしても代金に差は発生しません。枚数が違っていて取り違えたから120円足りなくなった、つまり差が出たということです。基本トレーニングの応用になっています。

解説

❶ 82円切手と62円切手を買う枚数を逆にしたために120円不足しました。もし82円切手の方が多かったら、1枚間違えるごとに82－62＝20で、20円ずつお金が余ります。

逆に62円切手の方を多く買う予定だったら、1枚につき20円ずつ支払いが多くなるので、20円ずつお金が不足します。そのことに気がつくと、不足が120円ですから、その中に20円（62円切手1枚が82円切手に変わるごとに20円不足する）がいくつ分あるかを求めると枚数の差が出てきます。120÷(82－62)＝6で、答えは6枚です。

❷ 82円切手と62円切手の和が30枚で差が6枚、そして62円切手の方が多いという和差算になります。

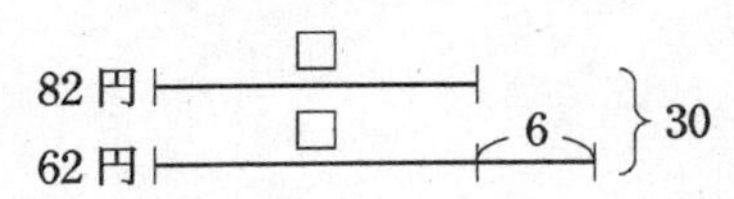

□＋(□＋6)＝30　2×□＝24　□＝12となり、82円切手は12枚になります。

答え ❶ 6枚　❷ 12枚

ここがポイント ……………………………………

全体の金額がわかりませんから、普通の差集め算の手法では解けません。明らかになっていない条件があるので、工夫が必要です。どちらの切手を多く買う予定だったか、そして不足120円はどういう意味を持つのかがわかれば解けます。また、この問題は差集め算と和差算の融合問題であることを見抜けるかどうかもポイントの１つです。

(5)消去算

A　基本トレーニング

問題

A、B、C 3 種類の紅茶があります。AとBの定価の合計は 2200 円、BとCの定価の合計は 1900 円、AとCの定価の合計は 2100 円です。次の各問いに答えましょう。

❶ AとBとCの定価の合計はいくらですか。

❷ Cの紅茶を 10 袋まとめて買ったら 10% 引きになりました。いくら支払いましたか。ただし消費税は 8% とします。

ヒント

今回の問題は、数学が得意な人にとっては簡単かもしれません。連立方程式のような感覚で解けますが、正と負や文字式のことをあまり知らない小学生でもできる方法を考えてください。❶がヒントとなっています。

解説 ……………………………………………………………………

❶文章通りに式を作ると3つできます。A＋B＝2200……①
B＋C＝1900……②　A＋C＝2100……③

①と②と③の式を右のようにたしてみます。この④の式をよく見てください。A＋B＋Cは④の $\frac{1}{2}$ であることがわかります。A＋B＋C＝6200÷2＝3100で、3100円です。

$$
\begin{array}{r}
A+B=2200\cdots\cdots① \\
B+C=1900\cdots\cdots② \\
+)\ A+C=2100\cdots\cdots③ \\
\hline
2\times A+2\times B+2\times C=6200\cdots\cdots④
\end{array}
$$

❷A＋B＋C＝3100に①を当てはめてみます。

2200＋C＝3100　C＝3100－2200＝900

となりますから、Cは1袋900円です。900×10×(1－0.1)×(1＋0.08)＝8748で、8748円が答えです。

答え　❶3100円　❷8748円

ここがポイント ……………………………………………………

消去算は、中学の数学で習う連立方程式を、小学生にもわかるように工夫しながら解いていく算数です。A＋B＋Cを求めるのに、A、B、Cをそれぞれ求めるのではなく、ちょっとしたしかけでA＋B＋Cの答えを一度に出してしまうところがポイントです。このような機転がふだんからきくと、ピンチをチャンスにすることも可能となってきます。

B　応用トレーニング

問題

ある動物園の入園料は、大人２人、小学生４人、幼児２人の合計が2900円で、大人４人、小学生２人、幼児４人の合計が3700円です。次の各問いに答えましょう。

❶大人１人、小学生１人、幼児１人の入園料の合計は、何円ですか。

❷大人１人の入園料は、幼児１人の入園料の４倍です。大人１人の入園料は、何円ですか。

（桐蔭学園中改）

ヒント

❶は基本トレーニングと同じ要領で解くことができます。❷は❶の式を利用して、未知数を１つずつ減らしていくと、解決の糸口が発見できます。大人と幼児の入園料の比は4：1になっていることに気をつければ、連立方程式と同じ感覚で解けると思います。

解説

❶大人１人の入園料を㊅、小学生１人の入園料を㊉、幼児１人の入園料を㊌で表すものとすると、次のような２つ

の式を作ることができます。

$$
\begin{array}{rl}
 & ㊅\times 2+㊐\times 4+㊌\times 2=2900\cdots\cdots(ア) \\
+) & ㊅\times 4+㊐\times 2+㊌\times 4=3700\cdots\cdots(イ) \\
\hline
 & ㊅\times 6+㊐\times 6+㊌\times 6=6600\cdots\cdots(ウ)
\end{array}
$$

(ウ)の式を6でわると、㊅＋㊐＋㊌＝1100……(エ)となり、答えは1100円になります。

❷(イ)の式を2でわると、㊅×2＋㊐×1＋㊌×2＝1850……(オ)となります。(オ)から(エ)の式を引くと、㊐がなくなり、㊅と㊌だけの式になります。

$$
\begin{array}{rl}
 & ㊅\times 2+㊐\times 1+㊌\times 2=1850\cdots\cdots(オ) \\
-) & ㊅\times 1+㊐\times 1+㊌\times 1=1100\cdots\cdots(エ) \\
\hline
 & ㊅\quad + \quad ㊌ \quad =750\cdots\cdots(カ)
\end{array}
$$

また、㊌の4倍が㊅ですから、㊅＝㊌×4を㊅に代入すると、(カ)の式は㊌×4＋㊌＝750　㊌×5＝750　㊌＝750÷5＝150となります。㊅は150×4＝600で600円です。

答え　❶1100円　❷600円

ここがポイント…………………………………………

知識を与えられてただ暗記する学びは、もったいないと思うのは私だけでしょうか。その知識をいかに活用するかで、その人の運が開けてくると言っても過言ではないでしょう。

第７章　ちょっとチャレンジの文章題

私はすべて自己責任とする社会は疑問に思っています。しかし自己責任を問われることが多い時代になってきたのも事実です。大人になってからも生涯学習に向きあう、仕事以外の知識が自然に身につくことがあります。学校と違い評価される「試験」がありませんからリラックスできます。緊張感が高過ぎると頭が働かなくなることを、私たちは経験上知っています。逆にぼうっとしてリラックスし過ぎていると、内容が頭に入ってこないことがあります。自分のペースで、ちょっと気合を入れた、試験を気にしない学びは、けっこう長続きします。獲得した知識は人と接する機会がある時役立ちます。論理的思考能力が高いと、世の中の出来事を自分なりに真剣に考えるようになります。

理路整然と物事を考える人は、難しい内容の話が理解できます。また他の人の間違った意見を聞けば「そうでないな……」といった検証ができます。テレビのコメンテータの話や新聞などの見解をそのまま鵜呑みにしないようになります。自分の考えをしっかり持つことができると言ってもよいかもしれません。

論理的思考能力が高いと、起承転結のあるわかりやすい文章を書くことができるようになり、相手を説得しやすくなります。コミュニケーション能力を向上させることができると言ってもよいでしょう。算数で言語の能力を向上させる、何か不思議な感じですね。

全体を1とみなすという、かなり抽象度の高い考え方に慣れることによって、論理的思考能力を高めることができます。第7章の問題は、論理的思考能力を養うにはぴったりです。記憶力だけに頼ってしまうと、少し複雑な仕事や課題になると、とまどってしまうことがあります。直感的な思いつきで仕事をすることが必要な場面もあります。このような時は並行してメタ認知を活用し常に論理的に検証しながら前に進むと、うまくいく確率が高くなります。第7章に出てくるような問題で、常日頃から脳を活性化させ考える習慣をつけて、学ぶ面白さをぜひ体験してみてください。

(1)面積図を利用した問題

A 基本トレーニング

問題

ノートと鉛筆があります。鉛筆の数はノートの数の3倍あります。今、これらを同一人数の子どもに分けるのに、ノートを3冊ずつ与えると2冊余り、鉛筆を12本ずつ与えると30本不足します。次の各問いに答えましょう。

❶子どもの人数は何人ですか。
❷鉛筆1本80円でノート1冊120円でした。鉛筆とノート全部の代金はいくらですか。ただし消費税は8%とします。

ヒント

ノートと鉛筆の2種類の未知数があるため、複雑そうに見える問題となっています。鉛筆の数かノートの数か、どちらかに統一すると、差を集めた問題として解くことができます。たてを本数、横に人数をとり、面積図をかいて考えてみましょう。

解説

❶ノートの冊数を鉛筆の本数に置き換えて考えましょう。鉛筆はノートを3倍した本数なので、「ノートを3冊ずつ与えると2冊余る」という文章は「鉛筆を9本（3×3）ずつ与えると6本（2×3）余る」に変えることができます。1人あたりに配る差が12－9で3本で、その部分の面積は36本です。3×□＝36より□＝12となり、子どもの人数は12人となります。

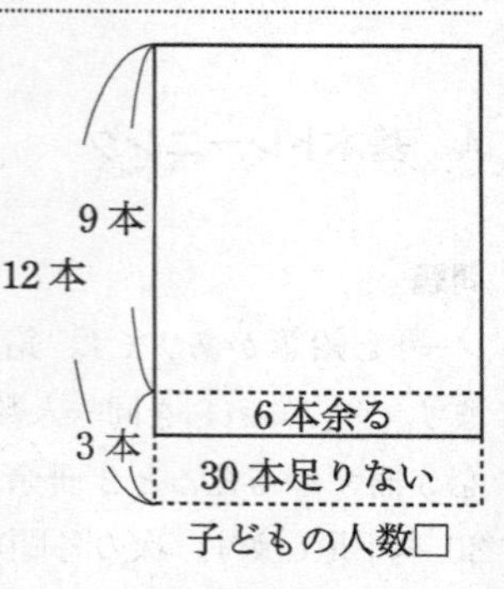

❷ 12×12－30＝144－30＝114で、鉛筆は114本となります。ノートは114÷3＝38で、38冊になります。（80×114＋120×38）×（1.08）＝13680×1.08＝14774.4で、代金は14774円となります。

答え　❶12人　❷14774円

ここがポイント

ノートと鉛筆それぞれで考えていくと複雑になってしまいます。どちらかに統一すると、過不足算でスムーズに解けます。解説のような面積図を自力で作成できるかどうかがポイントです。図をかいて、難しそうなことを簡単に表示する練習をしておくと、論理的思考能力は飛躍的に向上することは間違いありません。人に自分の考えをうまく伝達する時にも役に立ちます。

B　応用トレーニング

問題

滝沢君はA町からB町を通ってC町までサイクリングをしました。A町からB町までは毎時18 kmの速さで走り、B町からC町までは毎時12 kmの速さで走ったところ、A町を出発してからC町に着くまでに120分かかりました。A町からC町までの道のりが30 kmのとき、次の各問いに答えましょう。

❶ A町からC町まで行った時の平均の速さは毎時何kmですか。

❷ A町からB町までの道のりは何kmですか。

ヒント

A町からC町までの道のりはわかっています。そしてAからBまでとBからCまでの速さがわかっています。わかっている条件を整理すると、AからCまでの速さと、AからBまでの道のりを求めることができます。今回は面積図を作って考えてみましょう。たてを速さ、横を時間とすると、面積は何を意味するのか、そのことをよく頭に入れて、基本トレーニングのような面積図をかいてみてください。

解説 ……………………………………………………

❶まず単位をそろえることをしましょう。120分＝2時間なので、30÷2＝15で15 km／時となります。

❷たてを速さ、横を時間とすると、面積は道のりを表します。(ei＝18 km／時　ai＝15 km／時　ci＝12 km／時)

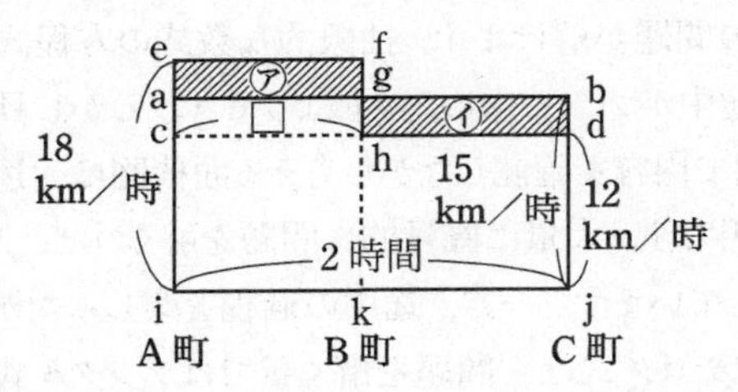

面積㋐＝面積㋑になっています。㋐の部分を㋑に移動させると、時速15 kmで走った時の道のりの面積（長方形aijb）になりますが、これは長方形eikf＋長方形hkjdと同じ面積です（速さが違っても道のりの面積は変わりません)。そのため長方形echfの面積＝長方形acdbの面積になります。長方形acdb＝2×(15－12)＝6また、A町からB町までの道のりch＝□とすると、長方形echfにより、□×(18－12)＝6となり、□＝1になります。長方形eikf＝18×1＝18で、AからBまでの道のりは18 kmとなります。

答え　❶ 毎時 15 km　❷ 18 km

ここがポイント

速さの面積図で、面積は何を意味するかがわかるかどうかがポイントです。このような面積図を使えば、いろいろな方程式の問題が解けます。抽象的な数式の方程式は機械的で、途中がブラックボックスのようです。しかし具体的なものを目で内容を確認しながら考える面積図は、途中の過程が透明です。大量に機械的に問題を解くのは、デジタル式が適しています。一方、途中の過程を楽しみながら解いていくアナログ式は、問題を解く量ではデジタル式にはかないません。すでに数学を学んでいる大人にとってはアナログ式は新鮮で、面白さをじっくりと味わえるのではないでしょうか。

(2)濃度算

A　基本トレーニング

問題

2% の食塩水と7% の食塩水をまぜたら、4% の食塩水500 g ができました。次の各問いに答えましょう。

❶まぜてできた4% の食塩水の食塩の量は何 g ですか。
❷ 2% の食塩水の量は何 g ですか。

ヒント

　全体の食塩水の量がわかっていて、それをどのような割合で分けるかを求めるには、やはり面積図がわかりやすいでしょう。濃度のつるかめ算と考えてよいと思います。たてを濃度、横を食塩水の量、面積を食塩の量とする図を、自分の力でかいてください。つるかめ算の面積図を思い出すと、簡単にかけます。

解説

❶食塩＝食塩水×濃度ですから、$500\times0.04=20$ で、食塩の量は 20 g となります。

❷面積図をかいてみましょう。

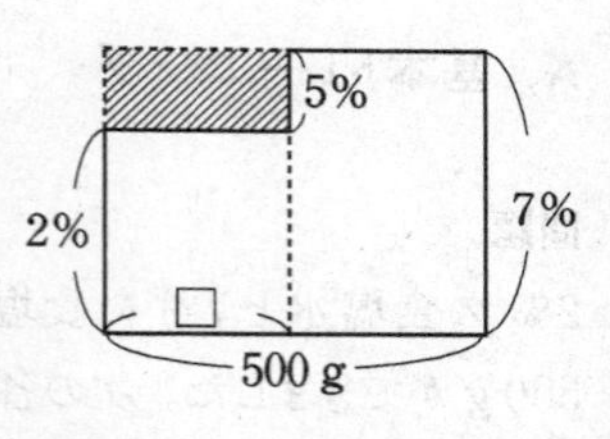

□は 2% の食塩水の量です。たては濃度で、面積は食塩です。斜線の面積は $500\times0.07-20=15$ となります。たては 5% ですから、$\square\times0.05=15$　$15\div0.05=300$ で、2% の食塩水は 300 g となります。

別解（てんびん算で解く）

2% の食塩水を□ g、7% の食塩水を○ g とすると、支点から□までの長さと支点から○までの長さの比は、②：③となります。てんびんの性質より、□×②＝③×○となりますから、□：○＝3：2 になります。500 g を 3：2 に分けますから、$500\times\frac{3}{3+2}=300$ となります。

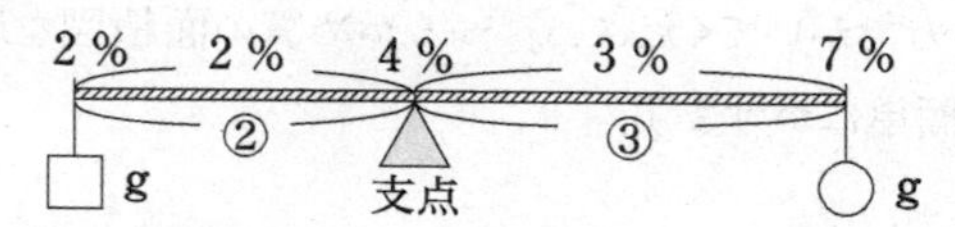

答え　❶ 20 g　❷ 300 g

ここがポイント

方程式を使わなくても、面積図やてんびん図を使うと、いろいろな問題が解けます。

B　応用トレーニング

問題

10% の食塩水 1.8 kg が容器 A に入っています。これを容器 B と容器 C に移して、容器 B は 2 倍に、容器 C は 5 倍にうすめてから容器 A に戻したところ、容器 A の食塩水の濃さは 3% になりました。次の各問いに答えましょう。

❶ A の容器の 3% の食塩水の食塩は何 g ですか。
❷容器 A から容器 C に移した食塩水は何 g ですか。

ヒント

濃度の問題は面積図がかけると解けるという方針をたてたら、条件をそろえなくてはいけません。ひと工夫しないとこのままでは解けないというのが、チャレンジの文章題です。B と C にどのように食塩水を分割したのかを考えるには、B と C の濃度を出さなくてはなりません。また❶が❷を解くヒントにもなっていることに気をつけてください。

解説

❶食塩の量は B、C に移して水でうすめても変わらないことに着目してください。容器 A の食塩の量は、1800 × 0.1 =

180で、180gになります。

❷うすめた後の3%の食塩水の量を求めてみましょう。濃度は3%、食塩の量は180gですから、食塩水の量は、180÷0.03＝6000で、6000gになります。また、10%の食塩水を2倍にうすめると5%に、5倍にうすめると2%になります。これらの条件が整えば、面積図をかくことができます。2%の食塩水の量（容器C）を□とします。斜線部の面積は、6000×0.05－180＝120で、120gになります。また、たては3%、横は□ですから、0.03×□＝120となり、これを解くと□＝120÷0.03＝4000となります。5倍にうすめて4000gなので4000÷5＝800で、容器Cに入れた食塩水の量は800gです。

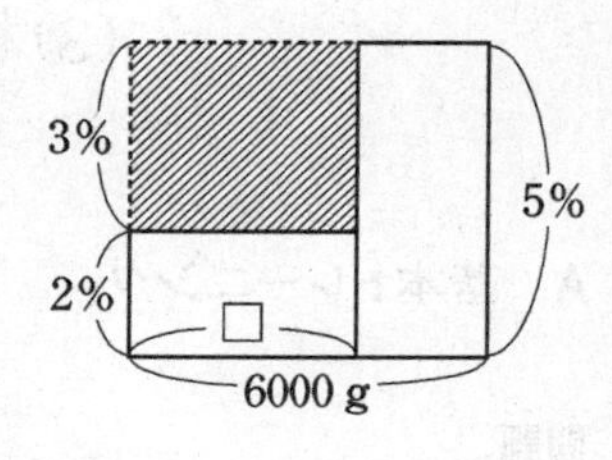

答え　❶180g　❷800g

ここがポイント

　面積図の解法にもっていくために、条件を整理しなくてはなりません。面積図を作成するにあたって何が不足しているかを考え、それを見つけだすことがポイントです。

(3)相当算

A　基本トレーニング

問題

新書、文庫、単行本の3つの本があります。新書と単行本の定価の差は300円で、文庫の定価は、新書の $\frac{6}{7}$ で、単行本の $\frac{3}{5}$ となっています。これについて、次の各問いに答えましょう。

❶単行本の新書に対する割合を求めなさい。

❷新書の定価を求めなさい。

❸新書、文庫、単行本をそれぞれ1冊買いました。いくら払いましたか。ただし消費税は8%とします。

ヒント

新書の定価を x、文庫の定価を y、単行本の定価を z とすると、y と x の $\frac{6}{7}$ と z の $\frac{3}{5}$ は等しい関係になっています。そこから x と z の割合を求めることができます。それをもとに線分図をかいて考えると x を求めることができます。

解説

❶文庫は新書の $\frac{6}{7}$ で単行本の $\frac{3}{5}$ ですから、文庫を y とすると、$y=x\times\frac{6}{7}=z\times\frac{3}{5}$ という式ができます。$y=1$ とおくと、$1=x\times\frac{6}{7}=z\times\frac{3}{5}$ となり、$x=\frac{7}{6}$、$z=\frac{5}{3}$ で $x:z=7:10$ となります。x を7とすると z は10なので、z の x に対する割合は $10\div7=\frac{10}{7}=1\frac{3}{7}$ となります。

❷ x を1としたら z は $1\frac{3}{7}$ であり、その差は300円ですから、次のような線分図がかけます。x と z の割合の差は $1\frac{3}{7}-1=\frac{3}{7}$ で、その金額は300円になります。

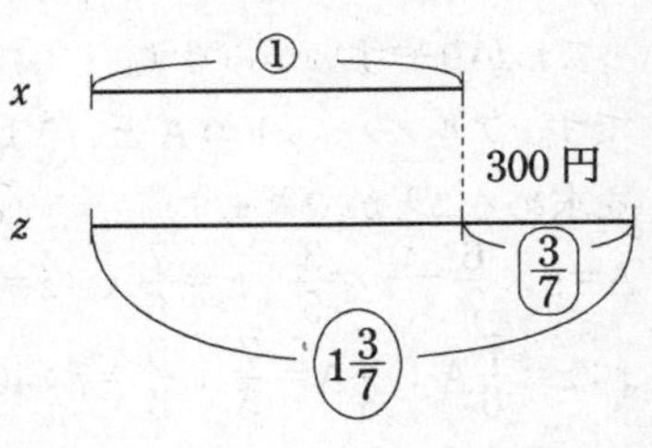

$\frac{3}{7}$ が300円にあたりますから、1にあたる量は、$300\div\frac{3}{7}=700$ で、新書は700円になります。

❸ $z=700\times1\frac{3}{7}=1000$、$y=700\times\frac{6}{7}=600$ により、文庫は600円、単行本は1000円となります。$(700+600+1000)\times(1+0.08)=2484$ で、2484円支払います。

答え　❶ $1\frac{3}{7}$　❷ 700円　❸ 2484円

ここがポイント

$\frac{1}{2}$ が100円なら「1にあたる量」はいくらなのか、というのが何算であるかが、すぐわかるようにすることが大切です。「全体を1とする」考えができるかどうかがポイントです。

補足説明

解説❶のところで $y=1$ とおくという説明が出てきます。以前「なぜ $y=1$ なのですか?」という質問を子どもから受けたことがあります。1にすると x と z を求めた時逆数になってわかりやすいからです。1ではなく2でも10でもいいのです。アルファベットのAというような記号でも次のように比を求めることができます。

$A=x\times\frac{6}{7}=z\times\frac{3}{5}$　$x=\frac{7}{6}A,\ z=\frac{5}{3}A$

$x:z=\frac{7}{6}A:\frac{5}{3}A=\frac{7}{6}:\frac{5}{3}=7:10$

B　応用トレーニング

問題

A、B 2本の棒があります。コップに水を入れて、2本の棒を垂直に立てたところ、Aはその $\frac{2}{5}$、Bはその $\frac{5}{8}$ が水面から出ました。2本の棒の長さの和は26 cmです。次の各問いに答えましょう。

❶棒Aの長さを求めなさい。

❷水の深さを求めなさい。

ヒント

Aの $\frac{2}{5}$ とBの $\frac{5}{8}$ は等しくありませんから、この考え方からAとBの割合を求めることはできません。しかし、水面下、すなわち水の深さは同じと考えると、AとBの割合を求めることができます。第2章で同じような問題を比例配分で解きました。ここでは「1にあたる量」を求める相当算を使って挑戦してみてください。基本トレーニングで得た知識を活用してみましょう。

解説

❶AとBの棒を図にかいてみます。Aの水面下は$1-\frac{2}{5}=\frac{3}{5}$で、Bの水面下は$1-\frac{5}{8}=\frac{3}{8}$です。Aの$\frac{3}{5}$とBの$\frac{3}{8}$が等しくなるので、分数が小さいBの方が長いことに気がついてください。$A\times\frac{3}{5}=B\times\frac{3}{8}=$①　A=$\left(\frac{5}{3}\right)$、B=$\left(\frac{8}{3}\right)$で、これを線分図で表すと次のようになります。

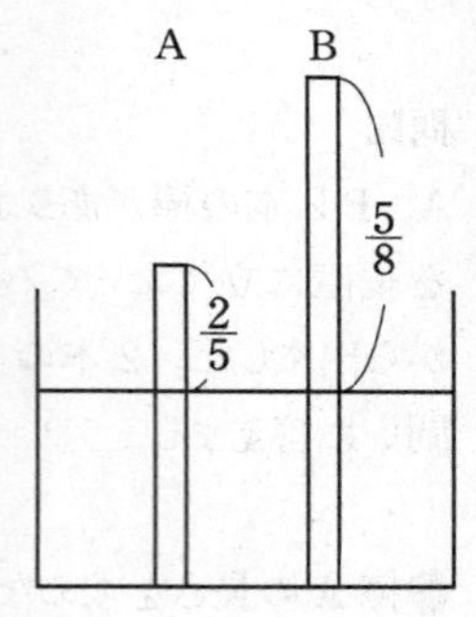

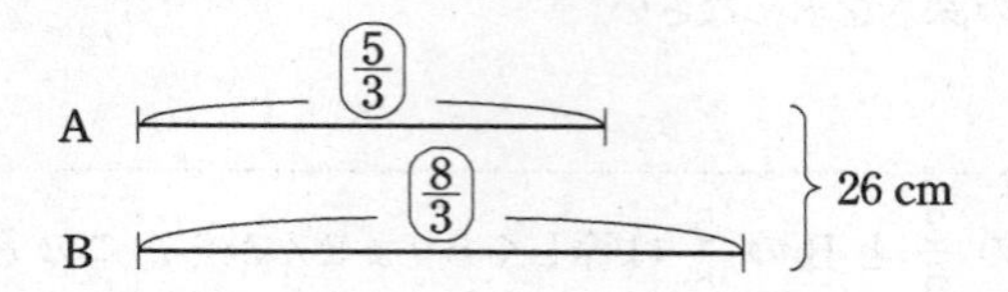

$\left(\frac{5}{3}\right)+\left(\frac{8}{3}\right)=\left(\frac{13}{3}\right)$つまり$\left(\frac{13}{3}\right)$が26 cmなので①に相当する長さは、$26\div\frac{13}{3}=6$ cmとなります。Aの長さは$6\times\frac{5}{3}=10$で、10 cmとなります（①にあたる数を求める問題を相当算といっています）。

❷ $10\times\frac{3}{5}=6$となり、水の深さは6 cmになります。

答え　❶10 cm　❷6 cm

ここがポイント

相当算で攻略するか比で攻略するかの違いはありますが、AとBの割合（関係）をまず求める手法は同じです。2つの量の関係がわかれば、比例配分や相当算や面積図で、その2つの量を求めることができるのです。割合の問題は抽象度がかなり高くなりますから、そういう問題を解くことによって論理的な物の考え方が身につくようになります。

(4)仕事算

A 基本トレーニング

問題

ニノ君とジュン君の2人で小屋を作ることにしました。ニノ君だけですると24日かかり、ジュン君だけですると36日かかります。ニノ君とジュン君の2人で始めましたが、ジュン君は途中で何日か休んだので、仕事を始めてから終わるまでに18日かかりました。

❶2人で一緒に仕事をすると、1日に全体のどれだけの量の仕事ができますか。
❷ジュン君が休んだのは何日ですか。
❸2人で1日も休まず一緒に仕事をすると、何日でこの小屋はできますか。はんぱな日は1日と数えます。

ヒント

全体の仕事量を1と考えて、1日にニノ君とジュン君はどれだけの量(割合)の仕事をするかを調べることによって解けます。

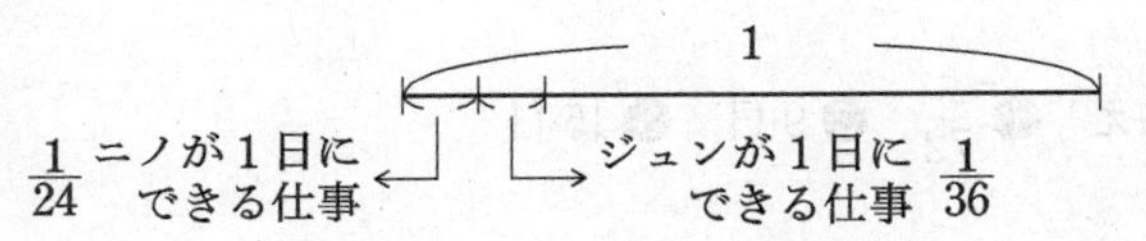

解説

❶24日でニノ君が全体を1とした仕事をするので、1日では $1\div 24=\frac{1}{24}$ で、$\frac{1}{24}$ することになります。同様にジュン君は $1\div 36=\frac{1}{36}$ で1日に $\frac{1}{36}$ 仕事をします。2人一緒なので $\frac{1}{24}+\frac{1}{36}=\frac{3}{72}+\frac{2}{72}=\frac{5}{72}$ で、1日に $\frac{5}{72}$ の仕事をすることになります。

❷ジュン君が無休で働いたとすると、$\frac{5}{72}\times 18=\frac{5}{4}$ で、仕事全体の量1を超えます。この超えた部分、$\frac{5}{4}-1=\frac{1}{4}$ が、ジュン君が休んだ仕事の量であることに着目してください。ジュン君は1日に $\frac{1}{36}$ の仕事をしますから、休んだ $\frac{1}{4}$ の中に $\frac{1}{36}$ が「いくつ分」（何日分）あるかを求めれば、休んだ日がわかります。$\frac{1}{4}\div\frac{1}{36}=9$ で、9日間休みました。

❸2人で一緒に仕事をする割合は、1日に全体の $\frac{5}{72}$ です。全体を1としたら、その $\frac{5}{72}$ を1日にするわけですから、1の中に $\frac{5}{72}$ が「いくつ分」あるかを求めます。

$1\div\frac{5}{72}=\frac{72}{5}=14\frac{2}{5}$ です。半ぱな $\frac{2}{5}$ は1日と数えます

から、答えは15日になります。

答え ❶$\frac{5}{72}$ ❷9日 ❸15日

ここがポイント

割合、比、相当算などはどれも「全体を1とする」考え方です。速さや平均や密度は「1つあたりの量」を知ることが大切な項目です。これらに共通していることは、いろいろな量を基準として考えるということです。抽象度がかなり高い概念と言ってもよいかもしれません。抽象度が高い問題が「わかる」ようになったとしても、最後の詰めが甘いと「できる」ようにはなりません。❸がそうですね。フィニッシュに気をつけましょう。

B　応用トレーニング

問題

よう子さんと愛子さんと美穂さんの3人が、図書室のそうじをします。よう子さんが1人ですると1時間12分、愛子さんが1人ですると1時間30分、3人ですると24分かかります。次の各問いに答えましょう。

❶よう子さんと愛子さんが2人で図書室のそうじをすると何分かかりますか。

❷美穂さんが1人で図書室のそうじをすると何分かかりますか。

❸午後3時から、3人で図書室のそうじを始めようとしましたが、美穂さんが遅れたためよう子さんと愛子さんの2人でそうじを始めました。美穂さんは10分遅れて図書室に着き、すぐにそうじを始めました。よう子さんは美穂さんが来てから4分後に6分間だけ休み、再びそうじをしました。それ以外は誰も休まず、3人でそうじをしました。午後何時何分にそうじが終わりましたか。

（渋谷教育学園渋谷中改）

ヒント

1時間12分や1時間30分は分の単位に直して考えましょう。図書室のそうじを「1」とみなして考えると、これは基本トレーニングで解いた仕事算とよく似ていることがわかるはずです。それを糸口にして解いてください。

解説

❶1時間12分＝72分、1時間30分＝90分にして計算します。このそうじの仕事量全体を1と考えると、よう子さんは1分間に$\frac{1}{72}$、愛子さんは1分間に$\frac{1}{90}$の仕事をします。2人では$\frac{1}{72}+\frac{1}{90}=\frac{5}{360}+\frac{4}{360}=\frac{9}{360}=\frac{1}{40}$なので、$1\div\frac{1}{40}=40$で、40分かかります。

❷3人ですると24分かかるので、1分間では$\frac{1}{24}$の仕事ができます。美穂さんが1分間にできる仕事は、$\frac{1}{24}-\frac{1}{40}=\frac{5}{120}-\frac{3}{120}=\frac{2}{120}=\frac{1}{60}$です。$1\div\frac{1}{60}=60$より、美穂さん1人では60分かかります。

❸午後3時から20分までによう子さんは$20-6=14$で14分、愛子さんは休んでいないので20分、美穂さんは10分そうじをしています。よう子さんの仕事は$\frac{1}{72}\times14$、愛子さんは$\frac{1}{90}\times20$、美穂さんは$\frac{1}{60}\times10$となり、3人の合計は

$\frac{7}{36}+\frac{2}{9}+\frac{1}{6}=\frac{7}{12}$となります。残った仕事は$1-\frac{7}{12}=\frac{5}{12}$で、これを3人で行うので$\frac{5}{12}\div\frac{1}{24}=10$となり、10分間3人一緒にそうじをします。20＋10＝30で、そうじが終わるのは午後3時30分になります。

答え　❶40分　❷60分　❸午後3時30分

ここがポイント

文章が長いので、最後までよく読んでどういう場面なのかをすぐ判断できることが大切です。❶がヒントになり❷が解け、❷がヒントになり❸が解けるようになっています。

このような長文読解のような算数・数学の入試問題が増えてきました。2000年から始まったOECDの国際学力調査PISA（ピザ）の影響を強く受けています。PISAが調べる学力（能力）は、主に数学的リテラシー、読解力、科学的リテラシーの3分野です。これから算数・数学の教育は、ますます注目されていきます。

(5)倍数算

A　基本トレーニング

問題

久美子さんとりえさんが持っているお金の比は3：1でしたが、久美子さんがりえさんに1500円あげたので、2人の比は4：3になりました。次の各問いに答えましょう。

❶久美子さんが初めに持っていたお金はいくらですか。
❷久美子さんとりえさん2人合わせた金額はいくらですか。

ヒント

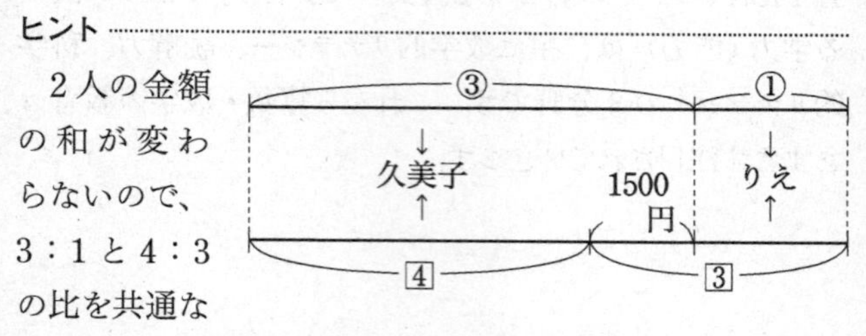

2人の金額の和が変わらないので、3：1と4：3の比を共通な比で表すことができます。2つの比の線分図をかくと上のようになります。これを参考に考えてみましょう。

解説

❶2人の金額の和には変化がありません。久美子さんがりえさんに1500円あげる前の比の和は③＋①＝④、あげた後の比の和は[4]＋[3]＝[7]　これを線分図で表すと図1のようになります。

図1

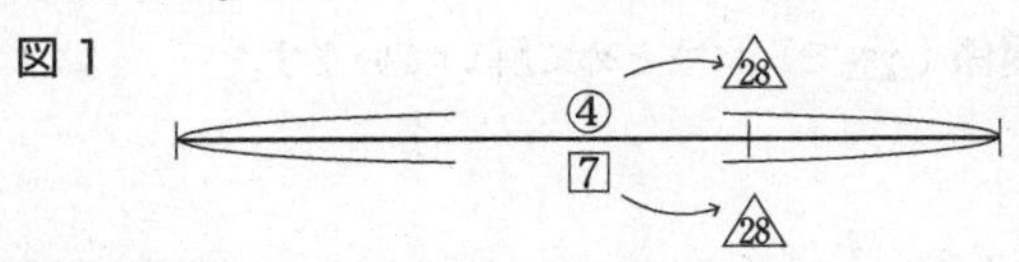

④と[7]の最小公倍数28で両方を表すとすると、③：①＝△21：△7、[4]：[3]＝△16：△12になります。これを1つの線分図で表すと図2のようになります。

図2

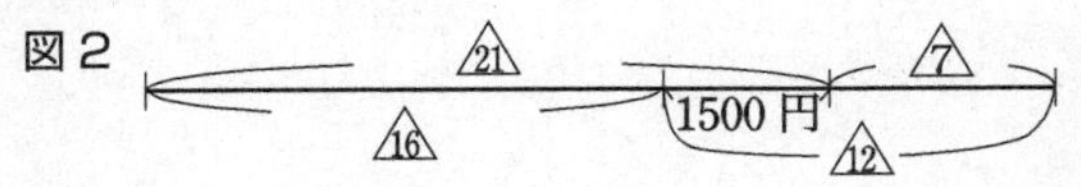

1500円のところに着目してください。△12－△7＝1500　△5＝1500　△1＝300となるので、△21は300×21＝6300で、久美子さんが初めに持っていたお金は6300円です。

❷△7⇒300×7＝2100　6300＋2100＝8400で2人の合計金額は8400円であることがわかります（300×28の式でも求められます）。

答え　❶6300円　❷8400円

ここがポイント

比で表されているいくつかの数量関係を、すっきりした形に整理すると、解けるようになります。この時、等しい数量は何かを見つけるのがポイントとなります。この問題の場合は、2人の合計金額が変わらないことをもとにして、1の倍数関係（△28で）にまとめて解いています。

B　応用トレーニング

問題

マキコさんと妹の所持金の比は8：5でした。3：1の割合でお金を出して電卓を買ったら、残金は2人とも2100円になりました。次の各問いに答えましょう。

❶マキコさんの初めの所持金は何円ですか。

❷電卓はいくらですか（消費税込みで考えてください）。

ヒント

最初に持っていたお金の差と、使った金額の差は同じになっていることに気づくと、次のような線分図になります。

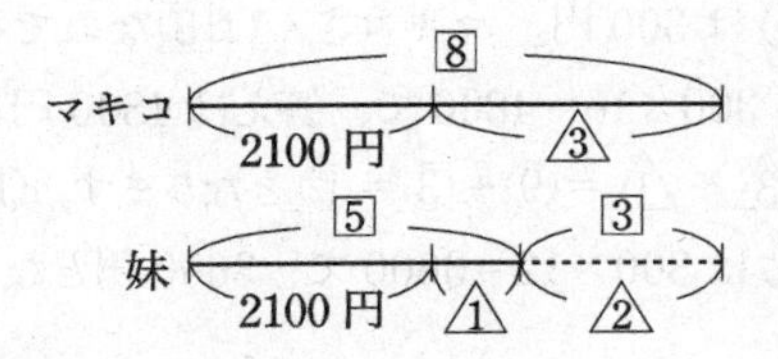

[8]と[5]は所持金の比、△3と△1は出したお金の比です。

この線分図をよく見て、基本トレーニングを真似して考えてみましょう。

解説

❶ヒントの線分図での妹の右はしの点線部分を拡大すると、右の図のようになります。[3]と△2ですから、最小公倍数は6となります。

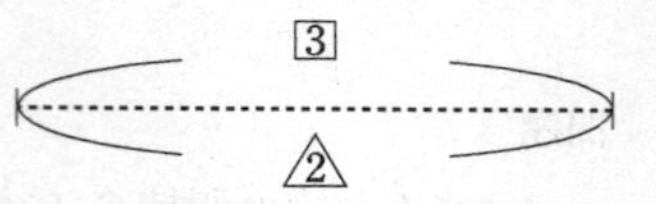

[3]→⑥　△2→⑥なので、□の中は2倍、△の中は3倍になります。そうすると妹の線分図は次のようになります。

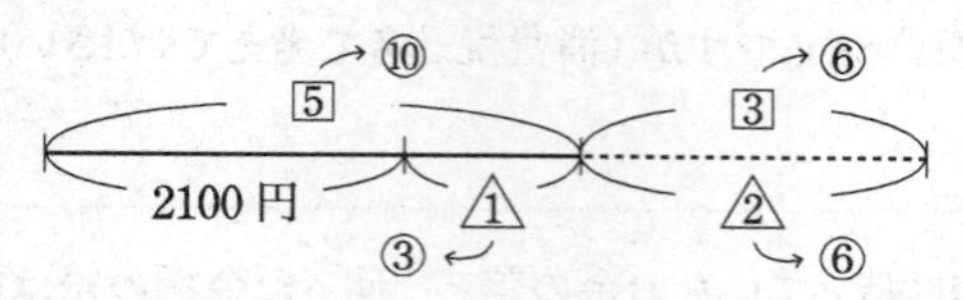

⑩－③＝2100ですから、⑦＝2100、①＝2100÷7＝300で、①は300円。マキコさんは[8]なのでその2倍で⑯になり、300×16＝4800で、答えは4800円になります。
❷電卓は△3＋△1＝⑨＋③＝⑫となります。①は300円なので、⑫は300×12＝3600で、3600円となります。

答え　❶4800円　❷3600円

ここがポイント

マキコさんと妹の所持金の差と、使った金額の差が等しいことがわかると、あとは基本トレーニングを真似すると解けます。そのことは、文章を線分図に表すと、はっきりわかります。「学ぶ」は「まねぶ」ともいい、真似ると同源と言われています。

(6)速さと比

A　基本トレーニング

問題

8時30分にA駅を出発してB駅に向かう普通列車と、8時45分にB駅を出発してA駅に向かう急行列車が9時15分に出会いました。普通列車と急行列車の進んだ道のりの比は2:3でした。また、普通列車の速さは時速60 kmです。次の各問いに答えましょう。

❶普通列車と急行列車の速さの比を、最も簡単な整数の比で答えなさい。
❷急行列車の速さを求めなさい。
❸A駅とB駅の間の距離を求めなさい。

（カリタス女子中改）

ヒント

速さと比の融合問題です。速さの比、道のりの比、時間の比は、実際の速さや道のりや時間と同じように計算できます。例えば、道のりが2：1（6 kmと3 km）で時間が1：2（3時間と6時間）ならば、速さの比の計算は（2÷1）：（1÷2）＝2：$\frac{1}{2}$＝4：1となります。

解説

❶出会うまでに、普通列車は45分、急行列車は30分かかっていますから、時間の比は45：30＝3：2となります。また道のりの比は、普通列車と急行列車では2：3となっています。（道のりの比）÷（時間の比）によって、速さの比を求めることができますから、次の計算式が成り立ちます。（2÷3）：（3÷2）＝$\frac{2}{3}$：$\frac{3}{2}$＝4：9により、普通列車と急行列車の速さの比は4：9となります。

❷急行列車の速さを□とすると4：9＝60：□　9×60＝4×□　□＝135で、速さは時速135 kmです。

❸普通列車が45分で進む道のりは、$60\times\frac{45}{60}=45$で、45 kmです。急行列車が30分で進む道のりは、$135\times\frac{30}{60}=\frac{135}{2}=67\frac{1}{2}$で、$67\frac{1}{2}$ kmです。$45+67\frac{1}{2}=112\frac{1}{2}$で、A駅とB駅の間は$112\frac{1}{2}$ kmとなります。

答え　❶4：9　❷時速135 km　❸$112\frac{1}{2}$（112.5）km

ここがポイント ………………………………………………………

割合と割合の計算、さらに比と比の計算は何となく実感が伴わないので不安に思う人も多いはずです。そういう時は具体的な数字を入れてみて、その計算が成り立つことを確かめるのが有効です。抽象的な理論がわかりづらい時、理論だけで論を進めていく文章を読む時などは、具体的な例を思い浮かべるとよく理解できます。具体的なものから一般的なものを考える帰納法的発想は、役に立つ場面が多いはずです。

B　応用トレーニング

問題

2地点P、Qがあり、亜矢子さんはPからQに、由紀恵さんはQからPに向けて自転車で同時に出発しました。出発してから36分後に2人は出会い、それから24分後に亜矢子さんはQに着きましたが、由紀恵さんはPの手前6kmのところにいました。次の各問いに答えましょう。

❶亜矢子さんと由紀恵さんの速さの比を求めなさい。
❷P、Q間の道のりは何kmですか。
❸由紀恵さんの自転車の速さは時速何kmですか。

（城北中改）

ヒント

亜矢子さんが24分で進む道のりを、由紀恵さんは何分で進むのかを考えてください。また時間の比と速さの比は逆になっていることに気をつけましょう。同じ道のりで走る時間が2倍になるとその走っている速さは$\frac{1}{2}$になることは明らかです。例えば時間をx、速さをy、道のりを100とすると、$x \times y = 100$という関係が成り立ち、xとyは反比例しています。この性質を利用して比で求めるのが今回の問題です。では最後の問題にチャレンジしましょう。

解説

❶亜矢子さんが由紀恵さんと出会ってからQに着くまで24分です。その出会った地点からQまでの道のりを、由紀恵さんは36分で走ったことに着目します。同じ道のりを、亜矢子さんは24分で、由紀恵さんは36分で進んだので、2人の時間の比は24：36＝2：3です。速さの比は逆になるので、亜矢子さんと由紀恵さんの速さの比は3：2です。

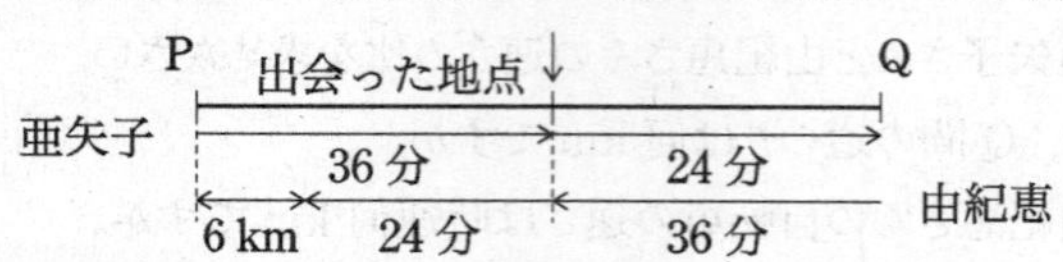

❷速さの比と道のりの比は同じですから、亜矢子さんが進んだ道のりをA、由紀恵さんが進んだ道のりをBとすると、次のような線分図がかけます。

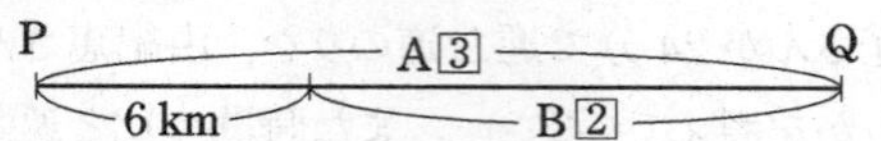

亜矢子さんがA走った間に由紀恵さんはBしか走っていないので、6 km残っているという図です。A：B＝③：②なので③－②＝①が6 kmにあたります。③にあたるのは6×3＝18で、答えは18 kmです。

❸亜矢子さんは18 kmのところを（36＋24＝60）60分（1

時間）で走るので、18÷1＝18 で速さは時速 18 km です。
2 人の速さの比は 3：2 なので、由紀恵さんの速さを△とすると、3：2＝18：△　△＝12 で、時速 12 km です。

答え　❶3：2　❷18 km　❸時速 12 km

ここがポイント

速く動けば時間は短く、遅く動けば時間は長くなります。「時間の比と速さの比は逆」に気がつくかがポイントです。

エピローグ　算数的発想のすすめ

いま、算数的発想が脚光を浴びています。なぜなのでしょうか。

「生きる力」とは何か

教育の世界では20年程前から、「生きる力」という言葉がさかんに使われています。自分の道を自分で切り開いていけるような能力を「生きる力」と言ってもよいかもしれません。そのうち、目に見える測定しやすい認知能力と、なかなか数字では表せない非認知能力（協調性、意欲、計画性、社交性など）が注目されています。学校では、この「生きる力」を教科横断型学習で身につけさせようとしています。今までの教科学習（算数・数学・英語・国語・理科・社会など）を総合的にとらえて、生活体験などと結びつけた学びを推進しようというのです。学校のなかでこのような学習を行うことによって、問題解決能力を養いアクティブになると、自分の人生を切り開いていける、そのように多くの教育関係者は考えています。

生涯学習という言葉をよく聞くようになりましたが、常に世の中のことに対して関心を持ち、みんなで様々な問題を考え解決していこうと考える市民がふえてきたからだと思われます。学歴ではなく職歴や労働の質が問われてきています。そのような社会にならないと、持続可能な社会は不可能となってしまいます。受験勉強だけで学びが終わってしまうと、グローバル化した社会に対応できないことは明白です。生涯学び続ける人間は、困難な場面に出会っても、対応していけることになります。その時必要な能力の１つが数学的思考です。論理的な数学的思考によって、いつも頭を使い「なぜなんだろう？」という疑問を持つ習慣が身につきます。

算数・数学で論理的思考力をアップ

知的好奇心が旺盛だと、学ぶことがそれほど苦にならず、いつも「なぜ？」という疑問がわいてきます。物事を整理して、順序だてて考えていく力である「論理的思考能力」は知的好奇心だと言っても過言ではありません。これが生涯学習が継続する源泉なのかもしれません。

この知的好奇心をともなった論理的思考能力を養うために、小学校では2020年からプログラミングの授業を行うことになりました。これは論理的に物事を考えるトレーニングの要素が強いといわれています。このような「順序だてて考える習慣をつける」ことは、算数・数学の学力の向上だけでなく、健全な市民社会を築く土台となります。こう書くと、「え、この本算数じゃなかったの?」「社会科のテキストに出てくることばじゃないの?」と思われる方がいるかもしれません。

生涯学習の考え方が変わってきた

人生80年、今生涯学習が注目されています。30年程前は生涯学習といえば、定年退職をした人のための「余暇的学習」というイメージが強い時代でした。現在では定年が65歳というところも珍しくなく、労働する期間が長くなり、労働の質のスキルアップを以前よりもさらに求められます。また定年後の時間も増えてきました。人のため世の中のために、「何かできることがないか」と再び自分探しをする人もいます。

放送大学は生涯学習との関連が強い高等教育機関ですが、主な履修生は20代から70代に渡っています。退職した60代以上のシニアの割合は約25%で、40代と50代では約43%となっています。これらのデータからみても、今の生涯学習の目的は、退職した人や家庭にいる人が教養を身につける「余暇的な学習」だけではないことがわかります。

現在の「生涯学習」の目的は主に3つあると私は考えています。教養を身につけて社会と関わる社会人になるのが、第1の目的です。もう少し具体的に言うならば、議会制民主主義で成り立つ「市民社会」を構成する「市民」となるための学習です。自分も含めた個人の権利や人権を主張しそして尊重すると同時に、社会の構成員の1人としての義務を果たす(社会に関心を持つ)というのが市民の役割です。このような権利や義務を遂行するためには、生涯学習によって常に世の中に関心を持つ必要が出てきます。

人間は世の中に出て何らかの仕事(家事労働を含みます)をするのが一般的です。企業で働くためには、人それぞれの能力を生かして身につけたスキル(技術)が求められます。そのスキルによって労働を提供し、その対価として貨幣が支払われるというのが、資本主義社会の基本的なしくみであることは、言うまでもありません。生涯学習によって企業で働くための様々な技術を身につけると、自分の労働力の価値を一定に保ったり向上させることが可能となります。この労働力の価値を向上させることが、生涯学習の第2の目的と言ってもよいでしょう。

また社会経済が発達すると、多くの人々に「余暇」が発生してきますが、貨幣を得るための労働を免除されている人、又はそういう必要がなくなった人にとっては、余暇をどのように活用するかが大問題となってきます。特に定年を迎えたシニアにとっては、その後の10年、20年をどうするかが、個人だけでなく社会にとっても重要なテーマとなるでしょう。「幸せになるため、充実した人生にするため」の学びが注目されています。これが生涯学習の第3の目的です。

政治経済用語を使うなら、第1の目的は「市民社会」のための、第2の目的は「生産」のための、第3の目的は個人の「消費」のための学習と言ってよいかもしれません。

グローバル化した社会

グローバリゼーション（globalization）とは、「技術や経済の進歩によって人・金・物・情報が大量に国境を越えて移動していくことによる、大きな社会の変容を意味する語」であると『教育社会学事典』に記載されています。

船・電車・自動車・飛行機といった乗物は、目に見える商品を運ぶだけでなく、人々の移動や交流の手段になります。仕事や観光などによって異国の人々との交流が活発になると、当然、それぞれの文化も相互に浸透することになります。目に見える商品の国家間の移動である貿易は、資源や食糧などお互い不足しているものを補い合い、20世紀以降は国境を越えた貿易が盛んになってきました。それに伴い貨幣の取引も多くなり、国債や社債や株などの金融商品も国内だけでなく、グローバルな世界で取引きされるようになってきたのです。

人・物（商品）・文化・金融などの国際的な動きが急増した時期に、便利なIT機器が増え、インターネットの活用が当たり前の時代になったのです。このような状況を、グローバル化した社会と呼ぶようになり、10年程前から小・中学校の教科書にも登場するようになりました。しかし教育の世界でグローバリゼーションという言葉を使う時は、「持続可能な社会」という、人類にとって大変重いテーマが含まれていることを忘れてはならないと思います。

すなわち、経済発展により多くの人が豊かになったと同時に、負の様々な社会問題が噴出してきたのが、グローバル化した社会です。地球温暖化のような環境問題、資源枯渇に関連した再生可能エネルギーの問題、貿易の不均衡から生じる貿易摩擦の問題、宗教が関係していることの多い民族対立の問題などです。経済や人的交流をより自由にするために、逆に国家間の統合などがグローバルなレベルで行われています。最近英国が離脱の決定をし注目されているEUがその例といえます。ゆるやかな地域統合は、アジアなどでも模索されています。

経済成長や開発をグローバルな視点で推進するOECDが、21世紀に入ってから活発に教育政策の提言を行っています。日本でも有名になった国際的な学力調査PISA（ピザ）もその1つです。その内容についてここでは詳しく触れませんが、ものごとを論理的に考えていく、問題解決能力を育てる、という強い意思が読み取れる調査となっています。もっと端的に言えば、「グローバル化した社会を乗り切る」ために必要な能力を多くの市民が身につけることを求めていると言ってもよいと思います。

しっかりしたエビデンス（証拠・情報など）でメタ認知（自分を検証する能力）を活用し、アクティブ・ラーニングのような方法で相互に刺激を与えながら、新しい問題を論理的に解決していくと言い換えることもできます。グローバル化した社会での難問を解決していく能力（コンピテンシー）、すなわち知識を活用するための読解力と論理的思考能力が必要だとされています。PISAのおかげで数学的リテラシーの大切さが、教育関係者だけでなく経済活動をしている人々にも浸透してきました。グローバル化した社会での難問を目のあたりにして危機感を持ち、「持続可能な社会」を真剣に考える市民が多くなってきたと考えられます。その流れとして「SDGs（持続可能な開発目標）」が2015年国連総会で採択されました。2020年からの日本の教育改革は、OECDの教育提言やSDGsのことをかなり入れた内容となり、学校の授業の方法や内容、さらに大学までの入試問題も大幅に変わろうとしています。

算数・数学が脚光を浴びるわけ

「物事の考え方」に着目する人が以前より多くなってきました。OECDの「数学的リテラシー」の定義は次のようになっています。「数学が世界で果たす役割を見つけ、理解し、現在及び将来の個人の生活、職業生活、友人や家族や親族との社会生活、建設的で関心を持った思慮深い市民としての生活において確実な数学的根拠にもとづき判断を行い、数学に携わる能力」（2007年『生きるための知識と技能3』ぎょうせい）

これは12年前の提言ですが、それがまさに2020年から実行されようとしているのです。教養書としての数学の本がちょっとしたブームになっているのにはこのような背景があります。

先程出てきた小学生からのプログラミングの教育も始まろうとしています。これはすべての子どもがプログラマーになることを目的とはしていません。論理的思考能力を育くむための学習です。数学は「結果」のみを競うのではなく「プロセス」を楽しむ学びとすると、OECDが提言している能力のかなりの部分を伸ばすことが可能となることは、容易に予想できます。「なぜなの？」という疑問や好奇心は化学や物理といった自然科学の専売特許ではありません。世の中のしくみやできごとや社会・経済のことをよく考えると、「なぜ？」「どうしたらいいの？」といった疑問が出てきます。論理的思考能力が身についてくると、この「？」を思う機会が必ず増えてくると考えられます。

数学で論理的思考能力とメタ認知の発達を促す

ここでは算数・数学が、どのようなプロセスで論理的思考能力を促すのかを、メタ認知を利用して、私なりの考えを紹介いたします。

経済界の有力な団体の1つである経団連は、「文系の学生もしっかり数学を学んでほしい」という提言をしていました（日本経済新聞2018年12月1日）。経団連に加盟しているのは大企業が多いと言われています。これからの時代、企業に就職するには「数学的素養」が必要であることを暗示した提言と考えてよさそうです。

教育界や経済界では、「論理的思考」と「メタ認知」ということばをよく耳にするようになりました。実はこの2つのことばは、数学との関係が密接なのです。このことを、2次方程式の解の公式で確認してみることにしましょう。

2次方程式の一般式は$ax^2+bx+c=0$ $(a\neq0)$ です。この式から、2次方程式の解の公式を導き出してみます。

$ax^2+bx+c=0$ …（ア）　（ア）の両辺をaでわる。

$x^2+\frac{b}{a}x+\frac{c}{a}=0$ …（イ）　左辺を平方の形にするために$\frac{c}{a}$を右辺に移行する。（注）

$x^2+\frac{b}{a}x=-\frac{c}{a}$ …（ウ）

（注）2次方程式を平方の形にした例が次の式です。
$(x-1)^2=16$ これは$x-1$が16の平方根と考えることができます。$x-1=\pm4$となります。$x-1=4$，$x-1=-4$より$x=5$，$x=-3$となります。

（ウ）の左辺を平方の形にするために、両辺に$\left(\frac{b}{2a}\right)^2$をたす。

$x^2+\frac{b}{a}x+\left(\frac{b}{2a}\right)^2=-\frac{c}{a}+\left(\frac{b}{2a}\right)^2$ …（エ）

（エ）の左辺を平方の形にし、右辺を共通な分母で整理します。

$$\left(x+\frac{b}{2a}\right)^2=\frac{b^2-4ac}{4a^2}\cdots（オ）$$

$b^2-4ac \geqq 0$ のとき（オ）の平方根を求めます。

$$\left(x+\frac{b}{2a}\right)=\pm\sqrt{\frac{b^2-4ac}{4a^2}}\cdots（カ）$$

（カ）の式から x を求めると

$$x=-\frac{b}{2a}\pm\frac{\sqrt{b^2-4ac}}{2a}$$

$$=\frac{-b\pm\sqrt{b^2-4ac}}{2a}\cdots（キ）$$

このようにして解の公式を導き出します。（ア）は ax^2 の係数をとり、x^2 にする操作、（ウ）は移行の知識が必要です。最大のポイントは（ウ）（エ）の平方の形にすることです。その知識を「活用」して、あとは計算力で（オ）（カ）（キ）と進めていきます。「論理的思考」をフルに「活用」して「問題を解決」していきます。この公式を導き出した後、正しいかどうかを検証する作業の時、「メタ認知」を「活用」しています。また他の人に教える時も、（ア）から（キ）までをもう一度頭の中で整理・検証しています。1つ1つ確認しながら他の人に教えることによって自分のメタ認知が発達するため、お互いに教え合う学びは双方にメリットがあるのです。アクティブ・ラーニングの学習効果にもつながっていきます。

数学の公式や定理を導き出すには、論理的思考法が有効です。数や数式を「活用」して理屈で考えていくことをします。また問題を解いて正解かそうでないかを検証するためには、プロセスをもう一度たどっていく必要があります。数学は数や数式や図形がはっきり書かれていることが多いので、検証しやすい学問です。ものごとを検証することによって、自分の考えを対象化し調整を加えることができる能力である、「メタ認知」が発達すると言われています。

数学は、論理的思考とメタ認知の発達に影響を与えることがわかってきました。ますます数学の発想が求められる時代になってきたと言えます。

算数で充実した人生を

腕がいい料理人は、うまい素材をよく知っていて、しかもとても気配りができます。料理の達人は、食材のよさを知っているから、うまい創作料理ができるのです。気配りができるから、きれいな器においしそうに盛りつけることができるのです。食材や器のことをよく知っているから、素敵な芸術作品のような料理が出てくるのです。

算数・数学が得意な人が、複雑な問題を解くことができるのはなぜでしょう？　それは、算数の基となる「素材」をよく知っているからです。その「素材」とは、公式の導き出し方や、割合や比の基本的な意味のことです。原理やしくみを知っていることが、いろいろな問題を解く時の「素材」なのです。それをよく知っているから、高度な問題も解決可能となってきます。料理の達人と算数の達人、共通しているところがあるのが、わかっていただけたでしょうか。

どんな仕事でもこのようなことが言えます。表面的なことだけを知ったつもりになっている人、数学は暗記だ、受験は要領、仕事は要領、人生は要領だと思い込んでいる人は、本物を体験できないため、何かに夢中になることができなくなってしまうのではないでしょうか。その道の達人は皆、基になる基本をよく知っているのです。

尊敬されるプロの医者になるためには、多くの患者を診察することが必要です。それと同時に研究を行い論文を書き、理論を築いていきます。テレビなどのマスコミに頻繁に出て話をしたり、ハウツウ本を書いたりしている時間などはほとんどありません。まじめに診療している医者は、患者からいろいろなことを学ぶのです。

その道の達人になるには、現場をよく知り、そのうえで理論を構築していくことが、学問の世界でも要求されます。

先程の料理人の場合なら、食材のよさを知り、料理の基本をよく知り多くの客に料理を提供することによって、達人になれるわけです。ただしその中に独自の創意工夫が必要であることは言うまでもありません。

すべての人が達人になれると言っているのではありません。ある目標を持ってそれに追いつこうと思ったら、何が本質的なのかを探しあてることが大切です。認知能力を活用して情報を集め、その中から「基本となる柱」を見つけだすには、かなりのねばり強さが必要です。そして他の人との議論ややりとりの中から新しい発見をすることがあります。これは協調性や社会性といった非認知能力の活力となります。また目標に近づく過程を検証していくという作業が大切です。さもなければ違う方向に進んでしまうことがあります。この検証する能力をメタ認知と言ってもいいでしょう。この認知能力と非認知能力とメタ認知は生涯学習のキーワードであることは間違いないと思います。算数・数学で生涯学習を継続させるためのこれらの能力を育てることができるのです。2000年からOECDが始めたPISA（国際的な学力調査）に「数学的リテラシー」の項目があるのは、グローバル化した社会では数学的発想を含めた生涯学習が大切だというメッセージのような気がします。

参考文献

・受験シリーズ　算数Ⅰ～Ⅲ（CKT）
・応用自在　算数（学習研究社）
・平成15年受験用有名中学入試問題集（声の教育社）
・小宮山博仁『塾の力――21世紀の子育て』（文藝春秋）
・小宮山博仁『親子で学ぶ中学受験の算数』（新評論）
・小宮山博仁『面白いほどよくわかる小学校の算数』（日本文芸社）
・小宮山博仁『中学受験をまじめに考える本』（新評論）
・別冊宝島『論理思考でビジネスを変える！　問題演習編』（宝島社）
・日本教育社会学会『教育社会学事典』（丸善出版）
・国立教育政策研究所『生きるための知識と技能3』（ぎょうせい）
・OECD教育研究革新センター『学習の本質』（明石書店）

本書は2004年3月に文春新書として刊行された
『大人に役立つ算数』に加筆・修正し、文庫化
したものです。

大人（おとな）に役（やく）立（だ）つ算数（さんすう）

小宮山博仁（こみやまひろひと）

平成31年 2月25日　初版発行
令和 5 年 12月25日　再版発行

発行者●山下直久

発行●株式会社KADOKAWA
〒102-8177　東京都千代田区富士見2-13-3
電話　0570-002-301（ナビダイヤル）

角川文庫 21472

印刷所●株式会社KADOKAWA
製本所●株式会社KADOKAWA

表紙画●和田三造

●お問い合わせ
https://www.kadokawa.co.jp/（「お問い合わせ」へお進みください）
※内容によっては、お答えできない場合があります。
※サポートは日本国内のみとさせていただきます。
※Japanese text only

ISBN 978-4-04-400462-0　C0141

◆◇◇

角川文庫発刊に際して

角川源義

第二次世界大戦の敗北は、軍事力の敗北であった以上に、私たちの若い文化力の敗退であった。私たちの文化が戦争に対して如何に無力であり、単なるあだ花に過ぎなかったかを、私たちは身を以て体験し痛感した。西洋近代文化の摂取にとって、明治以後八十年の歳月は決して短かすぎたとは言えない。にもかかわらず、近代文化の伝統を確立し、自由な批判と柔軟な良識に富む文化層として自らを形成することに私たちは失敗して来た。そしてこれは、各層への文化の普及滲透を任務とする出版人の責任でもあった。

一九四五年以来、私たちは再び振出しに戻り、第一歩から踏み出すことを余儀なくされた。これは大きな不幸ではあるが、反面、これまでの混沌・未熟・歪曲の中にあった我が国の文化に秩序と確たる基礎を齎らすためには絶好の機会でもある。角川書店は、このような祖国の文化的危機にあたり、微力をも顧みず再建の礎石たるべき抱負と決意とをもって出発したが、ここに創立以来の念願を果すべく角川文庫を発刊する。これまで刊行されたあらゆる全集叢書文庫類の長所と短所とを検討し、古今東西の不朽の典籍を、良心的編集のもとに、廉価に、そして書架にふさわしい美本として、多くのひとびとに提供しようとする。しかし私たちは徒らに百科全書的な知識のジレッタントを作ることを目的とせず、あくまで祖国の文化に秩序と再建への道を示し、この文庫を角川書店の栄ある事業として、今後永久に継続発展せしめ、学芸と教養との殿堂として大成せんことを期したい。多くの読書子の愛情ある忠言と支持とによって、この希望と抱負とを完遂せしめられんことを願う。

一九四九年五月三日

角川ソフィア文庫ベストセラー

眺めて愛でる数式美術館　竹内　薫

$E=mc^2$ のシンプルさに感じ入り、$\sqrt{2}$の$\sqrt{2}$乗の$\sqrt{2}$乗……が2に近づくことにおどろく。古今東西から美しく、奇妙な数式をあつめました。摩訶不思議な世界にどっぷりつかれる唯一無二の美術館、開館！

景気を読みとく数学入門　小島寛之

経済学の基本からデフレによる長期不況の謎、得する投資理論の極意まで。一見、難しそうに思える経済の仕組みを、数学の力ですっきり解説。数学ファンはもちろん、ビジネスマンにも役立つ最強数学入門！

無限を読みとく数学入門　世界と「私」をつなぐ数の物語　小島寛之

アキレスと亀のパラドクス、投資理論と無限時間、『ドグラ・マグラ』と脳の無限、悲劇の天才数学者カントールの無限集合論――。文学・哲学・経済学・SFなど様々なジャンルを横断し、無限迷宮の旅へ誘う！

世界を読みとく数学入門　日常に隠された「数」をめぐる冒険　小島寛之

賭けに必勝する確率の使い方、酩酊した千鳥足と無理数、賢い貯金法の秘訣・平方根――。整数・分数の成り立ちから暗号理論まで、人間・社会・自然を繋ぎ合わせる「世界に隠れた数式」に迫る、極上の数学入門。

数学物語　新装版　矢野健太郎

動物には数がわかるのか？　人類の祖先はどのように数を数えていたのか？　バビロニアでの数字誕生からパスカル、ニュートンなど大数学者の功績まで、数学の発展のドラマとその楽しさを伝えるロングセラー。

角川ソフィア文庫ベストセラー

とんでもなく役に立つ数学　西成活裕

〝渋滞学〟で著名な東大教授が、高校生たちとの対話を通して数学の楽しさを紹介していく。通勤ラッシュや宇宙ゴミ、犯人さがしなど、身近なところや意外なシーンでの活躍に、数学のイメージも一新！

読む数学記号　瀬山士郎

記号の読み・意味・使い方を初歩から解説。小学校で習う「1・2・3」から始めて、中学・高校・大学初年レベルへとステップアップする。数学はもっと面白く身近になる！　学び直しにも最適な入門読本。

読む数学　数列の不思議　瀬山士郎

等差数列、等比数列、ファレイ数、フィボナッチ数列ほか個性溢れる例題を多数紹介。入試問題やパズル等も使いながら、抽象世界に潜む驚きの法則性と数学の「手触り」を発見する極上の数学読本。

読む数学　瀬山士郎

XやYは何を表す？　方程式を解くとはどういうこと？　その意味や目的がわからないまま勉強していた数学の根本的な疑問が氷解！　数の歴史やエピソードとともに、数学の本当の魅力や美しさがわかる。

神が愛した天才数学者たち　吉永良正

ギリシア一の賢人ピタゴラス、魔術師ニュートン、数学王ガウス、決闘に斃れたガロア――。数学者たちの波瀾万丈の生涯をたどると、数学はぐっと身近になる！　中学生から愉しめる、数学人物伝のベストセラー。

角川ソフィア文庫ベストセラー